建筑与市政工程施工现场专业人员继续教育教材

大跨度钢结构施工新技术

中国建设教育协会继续教育委员会　组织编写

徐　辉　主编

武佩牛　主审

中国建筑工业出版社

图书在版编目（CIP）数据

大跨度钢结构施工新技术/中国建设教育协会继续教育委
员会组织编写. —北京：中国建筑工业出版社，2015.10
建筑与市政工程施工现场专业人员继续教育教材
ISBN 978-7-112-18549-8

Ⅰ.①大…　Ⅱ.①中…　Ⅲ.①大跨度结构-钢结构-建筑
物-工程施工-技术培训-教材　Ⅳ.①TU745.2

中国版本图书馆 CIP 数据核字（2015）第 242479 号

本套书结合工程实例系统阐述了大跨度钢结构施工技术，包括概述、旋转吊装技术、整体平移安装技术、整体提升安装技术和旋转平移安装技术。各章均附有思考题。

本书可作为建筑与市政工程施工现场专业人员继续教育教材，也可供相关的专业技术人员参考。

责任编辑：朱首明　李　明　李　阳　赵云波
责任设计：李志立
责任校对：李美娜　姜小莲

建筑与市政工程施工现场专业人员继续教育教材
大跨度钢结构施工新技术
中国建设教育协会继续教育委员会　组织编写
徐　辉　主编　武佩牛　主审

*

中国建筑工业出版社出版、发行（北京西郊百万庄）
各地新华书店、建筑书店经销
北京红光制版公司制版
北京圣夫亚美印刷有限公司印刷

*

开本：787×1092毫米　1/16　印张：5½　字数：131千字
2015年10月第一版　2015年10月第一次印刷
定价：**15.00**元
ISBN 978-7-112-18549-8
（27813）

建筑与市政工程施工现场专业
人员继续教育教材
编审委员会

主　任： 沈元勤

副主任： 艾伟杰　李　明

委　员：（按姓氏笔画为序）

参编单位：

中建一局培训中心

北京建工培训中心

山东省建筑科学研究院

哈尔滨工业大学

河北工业大学

河北建筑工程学院

上海建峰职业技术学院

杭州建工集团有限责任公司

浙江赐泽标准技术咨询有限公司

浙江铭轩建筑工程有限公司

华恒建设集团有限公司

序

　　建筑与市政工程施工现场专业人员队伍素质是影响工程质量、安全、进度的关键因素。我国从20世纪80年代开始，在建设行业开展关键岗位培训考核和持证上岗工作，对于提高建设行业从业人员的素质起到了积极的作用。进入21世纪，在改革行政审批制度和转变政府职能的背景下，建设行业教育主管部门转变行业人才工作思路，积极规划和组织职业标准的研发。在住房和城乡建设部人事司的主持下，由中国建设教育协会主编了建设行业的第一部职业标准——《建筑与市政工程施工现场专业人员职业标准》JGJ/T 250—2011，于2012年1月1日起实施。为推动该标准的贯彻落实，中国建设教育协会组织有关专家编写了考核评价大纲、标准培训教材和配套习题集。

　　随着时代的发展，建筑技术日新月异，为了让从业人员跟上时代的发展要求，使他们的从业有后继动力，就要在行业内建立终身学习制度。为此，为了满足建设行业现场专业人员继续教育培训工作的需要，继续教育委员会组织业内专家，按照《标准》中对从业人员能力的要求，结合行业发展的需求，编写了《建筑与市政工程施工现场专业人员继续教育培训教材》。

　　本套教材作者均为长期从事技术工作和培训工作的业内专家，主要内容都经过反复筛选，特别注意满足企业用人需求，加强专业人员岗位实操能力。编写时均以企业岗位实际需求为出发点，按照简洁、实用的原则，精选热点专题，突出能力提升，能在有限的学时内满足现场专业人员继续教育培训的需求。我们还邀请专家为通用教材录制了视频课程，以方便大家学习。

　　由于时间仓促，教材编写过程中难免存在不足，我们恳请使用本套教材的培训机构、教师和广大学员多提宝贵意见，以便我们今后进一步修订，使其不断完善。

中国建设教育协会继续教育委员会

2015年12月

前　言

我国大跨度钢结构自20世纪五六十年代开始建造并不断发展，尤其是20世纪八十年代以来，随着我国社会和国民经济快速发展，大跨度钢结构由于其独特的应用结构形式而逐渐趋向多样化，被广泛应用于大型公共建筑（如剧院、展览馆、体育场馆、车站等）、专门用途的建筑（如飞机库、汽车库）及生产性建筑（如飞机制造厂装配车间、造船厂等），以满足大空间使用功能的需要，从而促进大跨度钢结构的设计及建造技术得到突飞猛进的发展。

本书以超大工程施工实例为主线，以施工方法为重点，着重介绍大跨度钢结构施工工艺。旨在开拓学生视野，了解现代超级建筑施工的发展方向，熟悉超级建筑施工的关键技术。是在掌握建筑施工技术及相关基础课的基础上，进行更高层次学习的教材。

本书首先介绍了几种大跨度钢结构的形式，然后从工艺原理及特点、施工设备、关键技术等方面，并结合工程案例，阐述了旋转吊装、整体平移安装、整体提升安装和旋转平移安装等大跨度钢结构安装施工新技术。

为使读者能够系统地对大跨度钢结构安装有一个更深层次的认识，希望读者能够结合本篇的经典案例熟练掌握每一种大跨度钢结构安装的工艺原理及特点，了解施工设备及关键技术，从而指导实际工程中大跨度钢结构安装施工。

本书由上海建峰职业技术学院徐辉主编，杨秀方、阳吉宝为副主编；参与编写人员还有：梁治国、夏凉风、张松、孙海忠、冯明伟、段存俊。

本书由武佩牛担任主审。

在本书编写过程中，得到了上海建工（集团）股份有限公司及其相关公司的大力支持，同时也得到上海市建工设计研究院有限公司的田全红、赵家毅、林圣杰、张会新、谷远朋、董林兵同志的大力支持，在此表示衷心的感谢。

由于编者水平有限，加之时间仓促，不妥或错误之处在所难免，敬请广大读者指正。

目　　录

第1章 概　　述

远古时代，人类或挖洞穴居或构木为巢，仅仅是为了争取一个生存的空间。要想有一个较大的庇护场所进行公共活动，只能是个奢望。人们要营造大的空间，取决于两个条件：一是有足够强度的材料，二是有运用这样材料来建造的技术。只有具备了这两个条件，才能以一定跨度的屋盖来覆盖所需的空间。

大跨度建筑在古代罗马已经出现，如公元120~124年建成的罗马万神庙，呈圆形平面，穹顶直径达43.3m，用天然混凝土浇筑而成，是罗马穹顶技术的光辉典范。随着人们需求的日益增长以及建筑技术的不断进步，大跨度建筑层出不穷，建筑形态越来越多样，建筑跨度越来越大，内部建筑功能越来越复杂。特别是近几十年来新品种的钢材和水泥在强度方面有了很大的提高，各种轻质高强材料、新型化学材料、高性能防水材料、高性能绝热材料的出现，为建造各种新型的大跨度结构和各种造型新颖的大跨度建筑创造了更有利的物质技术条件。上海铁路南站站屋结构采用圆形的钢屋盖结构体系，其屋面直径达到了278m，为典型的超大尺度空间钢结构（图1-1）；中国科学院国家天文台500m口径球面射电望远镜（FAST）也是一个典型的圆形建筑，仅球面反射面系统的直径就达到500m，尚不包括外围环形的圈梁宽度，是目前世界上最大的单口径望远镜（图1-2）。

图1-1　上海铁路南站　　　　图1-2　500m口径球面射电望远镜（FAST）

建筑跨度的大小，恐怕很难予以定量，这是和时代相关联的。在古代被认为是大跨度的结构，到现代恐怕就不能称之为"大"了。即使到了现代，对大跨度也没有统一的衡量标准。因此在本书中所论述的"大跨度建筑"是指跨度在60m以上的建筑。

1.1　大跨度建筑的结构形式

1.1.1　平面杆系结构

（1）桁架

在大跨度建筑结构中，作为受弯的梁式体系，桁架是一种常见的结构体系。桁架的设计、制作与安装都比较简单，构成桁架的上弦、下弦、横杆与竖杆只承受拉力或压力，它对支座不会产生推力。

常用的形式有：三角形、矩形、梯形与拱形等。三角形屋架在大跨度建筑中很少用，因为跨中的高度要做得很高。平行弦的矩形屋架也因为不利于屋面排水而很少采用，最常用的是如图 1-3 所示的梯形与拱形桁架。

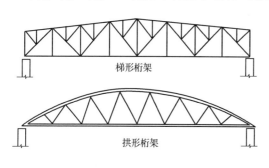

梯形桁架

拱形桁架

图 1-3 常用桁架形式

（2）拱

拱在大跨度建筑中经常采用，特别是当建筑物要求墙体与屋顶连成一体时，落地拱尤为适用。拱在竖向均布荷载作用下，基本上处于受压状态，适合于以钢筋混凝土之类的材料制成。但在大跨度时，往往做成格构式钢拱。

大多数情况下，拱的轴线采用抛物线，其他如圆弧线、椭圆线、悬链线也可采用。按结构组成和支撑方式，拱可分为三铰拱、两铰拱和无铰拱三类。三铰拱是静定结构，计算分析简单，当基础有不均匀沉降时，不会引起附加内力。但由于跨中存在着铰，使得拱和屋盖结构的构造都比较复杂，刚度也是三者中较差的。无铰拱的跨中弯矩分布最为有利，但温度应力较大，同时还需要较强的支座。大跨度屋盖中用得较多的是两铰拱，它的优点是安装简单，用料经济，在温度变化时，由于铰可以转动，温度应力也较低，但如有基础不均匀沉降，则应考虑其对结构内力的影响。

（3）门式刚架

大跨度的门式刚架大多采用钢结构。当跨度达 50～60m 时，可以做成实腹式，跨度更大时，就应做成格构式。如同拱一样，门式刚架也分为三铰、两铰和无铰三类，其优缺点和拱相同。我国在辽河、沧州等地的化肥厂散装仓库中曾用过跨度为 54.5m 的三位实腹式刚架。岳阳化肥厂散装仓库，跨度为 55m，则采用两铰格构门式刚架，耗钢量比三铰实腹刚架略省一些。北京体育馆的比赛馆采用了三铰格构式刚架，跨度为 56m。

1.1.2 空间杆系结构

（1）网架结构

网架结构是由许多杆件按照一定规律布置，通过节点连接而成的网格状结构体系。它具有空间受力的性能，是高次超静定的空间结构，由于具有像平板的外形，因此也称为平板型网架。

网架结构由处在两个平面内的杆件组成，形成平行的上弦与下弦，其间以横杆与竖杆相连。网架的受力特点是杆件均为铰接，不能承受弯矩或扭矩，因此所有杆件只受拉或受压。网架结构的整体性能好，能有效地承受非对称荷载、集中荷载和各种动力荷载。由于在工厂成批生产，网架制作完成后运到现场拼装，从而使网架的施工做到进度快、精度高、便于保证质量。网架结构的平面布置灵活，不论是方形、矩形、圆形、多边形，甚至不规则的建筑平面都可以采用，网架结构适用于大跨度建筑的屋盖，在我国和世界其他各国都得到迅猛的发展，是空间结构中采用量最多的一种。

（2）立体桁架

立体桁架是由平面桁架演变而来，常用的做法是把单根的上弦或下弦分成两根，使桁架的横截面成为倒三角形或正三角形（图1-4）。这种结构的最大优点是：桁架本身是立体的，平面外刚度大，自成一稳定体系，有利于吊装，因而可以简化甚至取消平面桁架需要设置的支撑。

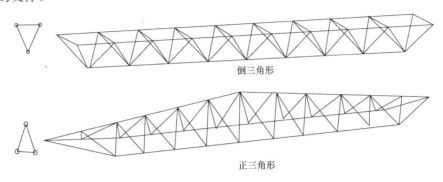

图1-4 立体桁架

由于立体桁架节省了支撑，比一般的平面桁架可节省1/3钢材。它也相当于整个节间都抽空的四角锥网架，耗钢量甚至比网架都低，加之构造简单，可以单独吊装，在我国应用相当广泛。

（3）网壳结构

在空间结构发展的初期，曲线形的结构往往以钢筋混凝土做成曲面状的薄壳结构，壳体结构被认为仅是以连续的曲面所形成的空间薄壁体系。钢筋混凝土薄壳具有良好的受力性能，它既能承重，又起围护作用，使两种功能融合为一体，从而更节省材料，在防火与便于维护方面也有优点。

随着新材料应用的发展，人们发现用离散的金属杆件做成曲线形同样能形成相同曲率的壳体结构，而在很大程度上可以避免钢筋混凝土薄壳的弱点，网壳结构便应运而生。凡是壳体结构的各种曲面，都可以用杆件组成。因此网壳结构既具有网架结构的一系列优点，又能提供各种优美的造型，近年来几乎取代了钢筋混凝土薄壳结构。网壳的杆件、节点构造与安装方法都可借鉴网架结构的经验。两者相比，网壳的设计、构造与施工都要比网架复杂一些，钢材消耗量虽然少一些，但总的造价还是大体相等，它主要以外形多样见长。

网壳结构的常见形式有圆柱面网壳、球面网壳、椭圆抛物面网壳（又称双曲扁壳）、双曲抛物面网壳（又称鞍形网壳、扭网壳）等四种，如图1-5～图1-8所示。

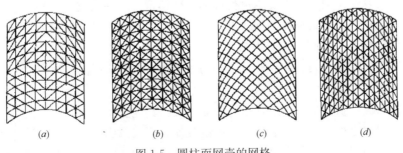

(a)   (b)   (c)   (d)

图1-5 圆柱面网壳的网格

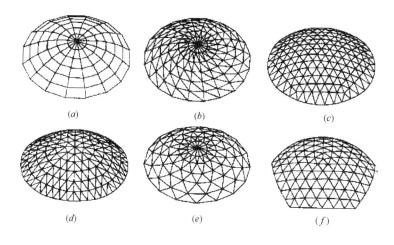

图 1-6   球面网壳的网格

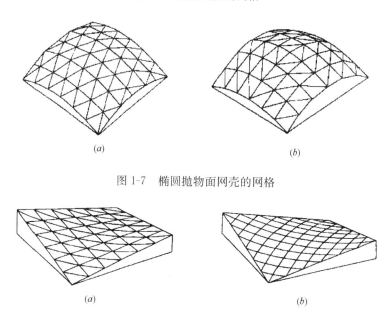

图 1-7   椭圆抛物面网壳的网格

图 1-8   双曲抛物面网壳的网格

1.1.3   悬索结构

悬索结构是以受拉钢索为主要承重构件的结构体系。这些索按一定的规律组成各种不同的形式，钢索一般采用高强度的钢丝束、钢绞线或钢丝绳。悬索结构最突出的优点是所用的钢索只承受拉力，因而能充分发挥高强度钢材的优越性，这样就可以减轻屋盖的自重，使悬索结构的跨度增大。此外，悬索结构还适用于多种多样的平面与立体图形，能充分满足建筑造型的需要。

由于钢索的抗弯刚度很小，悬索结构的变形要比其他类型的空间结构大一些。这对于集中荷载、不均匀分布荷载以及诸如风、地震等动力荷载都比较敏感。在设计时应采取措施，使屋盖具有一定的抗弯刚度。悬索结构都设有边缘构件，并支承在下部结构上，拉索支点的细微变化都会引起拉索内力的变化。支承结构除了承受竖向力外，还有拉索传来的横向力，因此要求它具有较强的侧向刚度。一般说来，拉索本身的用钢量很小，而边缘构件与支承结构却要耗费较多的材料。

1.1.4　膜结构

膜结构是空间结构中最新发展起来的一种类型，它以性能优良的织物为材料，或是向膜内充气，由空气压力支撑膜面，或是利用柔性钢索或刚性骨架将膜面绷紧，从而形成具有一定刚度并能覆盖大跨度结构体系。膜结构既能承重又能起围护作用，与传统结构相比，其重量却大大减轻，仅为一般屋盖重量的 $1/10 \sim 1/30$。

早在远古时代，人们利用兽皮建造的帐篷可看作是最原始的膜结构。后来在一些临时性的建筑中，如四合帐篷、马戏大棚、仓库等也曾采用像帆布一类的材料建造膜结构。然而，现代的新型膜结构却与此有着本质的差别，首先是材料不同，它是专门为覆盖建筑物而开发的"建筑织物"，虽然厚度很薄，但却具有相当高的强度与耐久性，而且还有满足建筑使用功能的一系列优点；其次是受力情况不同，当今膜结构的膜材在施工完毕后或承受外荷载时都是张紧的，要承受一定的拉力，在这方面，膜与悬索一样都是以受拉为主的结构，因此也统称为"张拉结构"。

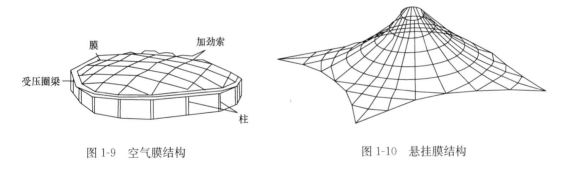

图 1-9　空气膜结构　　　　　　　　　　　图 1-10　悬挂膜结构

1.2　施工安装

大跨度建筑结构的选型在设计方案阶段就应该和施工安装方法紧密地结合起来。对于平面结构来说，由于构件上有主次之分，只要将构件逐步顺序安装，相对来说问题比较简单。对于悬索与膜结构来说，其主要问题是钢索的架设，其他的构件都比较轻，可以利用已架设的钢索进行吊装。空间结构的施工安装基本上分为两大类，即高空拼装和地面拼装后起吊。前一类方法的主要问题是如何在高空进行有效的施工，而后一类方法是应该采用什么样的机具与工艺的问题。如何把一个空间结构架设到设计位置上就成为空间结构施工的关键问题，对于大跨度建筑更是困难，尤其当其下部建筑结构或基础情况复杂时，对超大尺寸的钢结构安装带来了极大的挑战，但也因此涌现了一系列先进的施工技术和宝贵的经验。本书将对大跨度的钢结构施工安装技术进行介绍，共包括旋转吊装技术、整体平移安装技术、整体提升安装技术和旋转平移安装技术等四个部分，将结合具体的工程实例详细介绍施工技术的工艺原理和特点及其施工关键技术。

思 考 题

1. 大跨度建筑结构的定义是什么?
2. 大跨度建筑的结构形式包括哪些?
3. 平面杆系结构和空间杆系结构分别有哪些形式?

第 2 章 旋转吊装技术

旋转吊装技术是指利用旋转式作业的起重设备进行钢结构吊装的一种施工方法。与常规的钢结构吊装方法相比，其主要不同之处在于旋转吊装的起重设备是骑跨在需要吊装的结构上方，通过起重设备的旋转作业，形成覆盖整个待建结构的作业面。该吊装技术的开发解决了超大尺寸圆形或者类圆形钢结构的安装难题。上海铁路南站超大直径圆形钢屋盖结构就是采用旋转吊装技术完成安装的。

2.1 工艺原理及特点

2.1.1 工艺原理

旋转吊装技术是指利用旋转式作业的起重设备进行钢结构吊装的一种施工方法，其工艺原理如下：

先在建筑内部安装一台具有旋转作业的起重设备。旋转式起重设备由位于中心、带旋转机构的固定端、外围可沿环形轨道旋转开行的移动端以及联系中心固定端和外围移动端的起重横梁（索）组成。旋转式起重设备工作时，通过设置在外围移动端上的行走机构沿环形轨道开行，带动起重横梁（索）绕中心固定端旋转，类似"圆规"的工作原理，使整个旋转起重设备覆盖圆形结构范围（图 2-1）。旋转起重设备安装完后，利用该设备吊装其覆盖范围内的圆形钢结构，钢结构安装完后，拆除旋转起重设备，完成施工作业。

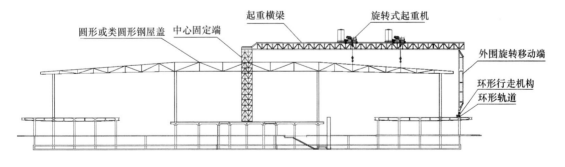

图 2-1 旋转吊装示意图

2.1.2 工艺特点

当圆形或者类圆形钢结构的尺寸超大时，传统的起重机（如履带吊、汽车吊、塔吊等）无法采用跨外吊装[①]的方法进行安装；同时钢结构下部的结构情况复杂，导致传统的起重机亦无法开进跨内而采用跨内吊装[②]的方法进行安装。显而易见，采用本工艺可以解决无法利用传统起重机，采用跨内或跨外进行吊装的超大直径圆形或者类圆形建筑钢结构安装难题。

（1）跨外吊装是指起重机停靠在待建的建筑物外部进行吊装。

（2）跨内吊装，与跨外吊装相对应，是指起重机停靠在待建的建筑物内部进行吊装。

2.2　施工设备

旋转吊装技术的核心在于旋转式起重设备，根据起重主梁（索）的形式，主要有两类设备：旋转式门式起重机和旋转式缆索起重机。

2.2.1　旋转式门式起重机

旋转式门式起重机主要由中心带转台的固定支腿、主梁及起重小车、外围环形行走式支腿及行走机构等组成（图2-2）。作为起重时的承重主梁，其跨度应覆盖整个钢屋盖范围，以便可以实现全覆盖。对于大跨度的旋转式门式起重机，主梁为一般桁架式结构，以减轻主梁结构自重。但当跨度超大时，主梁的截面尺寸将大幅增加，自重显著增大，钢结构施工的矛盾将由结构吊装转变为起重机重型主梁的安装与拆除，问题变得本末倒置。此时，可采用张弦式桁架结构，以降低主梁重量。

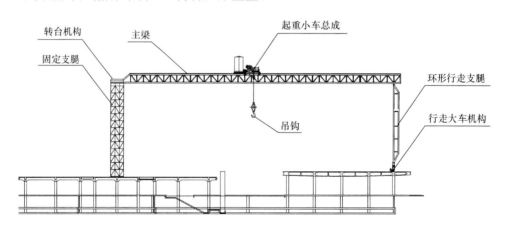

图2-2　旋转式门式起重机基本构造

旋转式门式起重机与传统门式起重机最大的区别在于其工作时起重主梁绕中心支腿旋转作业，吊装覆盖面为圆形。

2.2.2　旋转式缆索起重机

旋转式缆索起重机主要由中心带转台的固定端、主索、承马索及承马、牵引索、起重小车总成、吊钩以及沿外围环形轨道开行的主机车等部件组成（图2-3）。由于采用钢缆索作为承重结构，缆索起重机的起重能力相对较小，一般在数吨到数十吨。缆索起重机最大的优点是作业跨度较门式起重机更大，且可在运行过程中实现变跨度作业。相对门式起重机超大跨度重型主梁而言，缆索（包括主索、承马索、牵引索）的安装与拆除则便利许多，起重设备的制造成本也相对较低。但是受索结构体系力学特性，中心固定端及外围主机车需要承受较大的水平及竖向（方向向上）力，因此轨道的设计比较复杂。

图 2-3　旋转式缆索起重机基本构造

2.3　关键技术

2.3.1　旋转式起重机的设计、制造

旋转式起重机为非常规起重设备,市场上无定型产品可供选择。因此,需要对其进行专门的设计、计算,由专业的起重设备制造单位制造,设备制造完成后需要进行相应的试验,并由政府主管部门验收合格后方可使用。

旋转式起重机的设计主要包括起重机总体及部件的设计及计算、环形轨道的设计及计算、中心固定端及环形轨道下方承载结构的安全复核等。

2.3.2　旋转式起重机的安装与拆除

旋转式起重机通常可采用传统的起重机辅助安装与拆除,先安装中心固定端及外围行走支腿(或主机车),再安装主梁(或缆索)等部件。中心固定端由于位于建筑的中心,当起重机无法由建筑外围直接吊装时,可采用桅杆起重机等方法辅助安装与拆除。

对于旋转式门式起重机，外围行走支腿安装或拆除时应临时将行走车轮锁死，避免滑动；同时设置必要的侧向支撑，确保支腿在安装及拆除过程中平面外保持稳定。大跨度重型主梁的安装和拆除是比较困难的，当有条件时，可采用大型移动式起重机跨外整体安装或拆除，当无法整体装拆时，可设置临时支撑，分段装拆；或在地面组装后整体提升装拆。

2.3.3　圆形结构吊装

由于旋转式起重机的构造决定了其取料需在跨内进行，因此在吊装总平面布置时，需要在起重机跨内设置必要的接料平台，并在旋转式起重机外围布置专门的起重机进行构件搬运。由于旋转式起重机可覆盖整个圆形作业区域，因此接料平台可固定设置。

圆形结构的构件宜遵循对称的原则进行吊装，以尽可能避免由于不对称安装引起的水平移位。

旋转式起重机中心固定端的设计应尽可能避开圆形建筑中心区域的钢结构。若实在无法避让，应在方案制定时充分考虑该部分钢结构的补缺安装方案，比如可采用桅杆吊装，也可采用小型移动式起重机分跨吊装，或在地面组装后提升安装等。

2.4　工程案例

2.4.1　工程概况

上海铁路南站主站屋为一屋面直径达 278m 的圆形建筑，屋面顶标高约 42m；主站屋由地下室、中心区域候车厅（钢筋混凝土平台，标高＋7.5m）、外围高架环路及售票厅和商场（钢筋混凝土平台，标高＋9.8m）以及钢屋盖结构组成。主站屋南北为两个局部有地下室的广场，南北广场通过地下的旅客通道等在内的四条通道相连。

主站屋钢屋盖由中心内压环、内外钢柱、放射状布置的 Y 型分叉式主梁、环形布置的钢檩条、钢棒等构件组成（图 2-4）。圆形钢屋盖通过 18 根内柱和 36 根外柱支承在 9.8m 标高的环形混凝土平台上。整个钢屋盖结构用钢量约 7800t。

2.4.2　施工工艺

由于上海南站主站屋钢结构的结构特点，以及周边施工环境的特殊要求，采用常规的施工工艺及当时最大的起重机械，均难以满足结构安装的要求。为此，工程技术人员创造性地提出了"600 吨履带起重机定点就位，123m 跨旋转龙门吊对称安装"的旋转吊装技术。

首先，利用主站屋西侧有限的场地进行钢屋盖构件的扩大组拼，并由定点停机在西侧的 600 吨履带起重机将组拼后的构件就位到旋转龙门吊跨内下方的混凝土平台上；然后由旋转龙门吊按照对称吊装的顺序，进行钢柱、主梁和环向构件的节间综合安装。

1. 600 吨履带起重机定点就位

为提高钢结构吊装效率，在结构中心、旋转龙门吊中心支腿顶部另布置 1 台 M440D型（600t·m）固定式塔式起重机，负责屋盖中心部位的环向构件吊装。

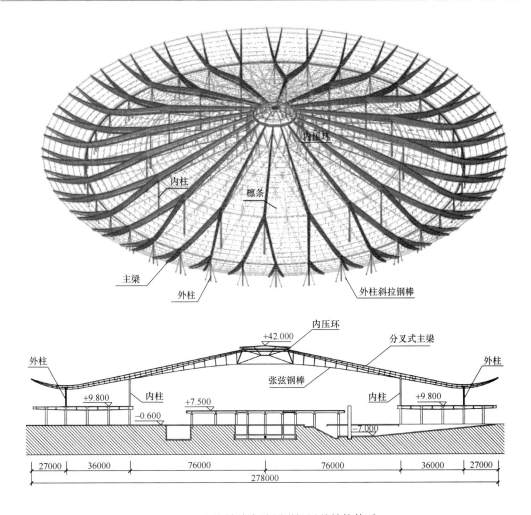

图 2-4　上海铁路南站圆形钢屋盖结构体系

图 2-5 为钢结构安装平面及立面示意图。

整个钢屋盖的安装流程为：内压环→内、外钢柱→环梁加强圈→主梁（分段安装）→檩条、钢棒→悬挑主梁→构件补缺→钢棒初张拉→结构卸载→钢棒预应力张拉。

2. 123m 跨旋转龙门吊对称安装

本工程设计了一台 123m 跨的旋转式张弦龙门吊，该龙门吊主要由主结构（主梁、固定支腿、柔性支腿）、起重小车和行走大车等组成（图 2-6）。

（1）主梁

主梁采用桁架结构，截面中心线尺寸 4.0m×3.5m。由于该旋转式龙门吊的跨度达到了 123m，根据设计计算结果，在主梁下弦安装张拉杆（索的破断力为 534t），形成张弦结构（图 2-7），以满足主梁的设计要求，索的初张力为 50t。

主梁与支腿采用铰连接，配装平面转台，以满足旋转式龙门吊的使用要求。

（2）固定支腿

固定支腿由支承立柱、立柱过渡段、回转滚盘等构件组成（图 2-8），在其顶端安装 M440D 固定塔吊。支承立柱是由 8 根 φ609 钢管组成的格构式框筒；立柱过渡段用于连接

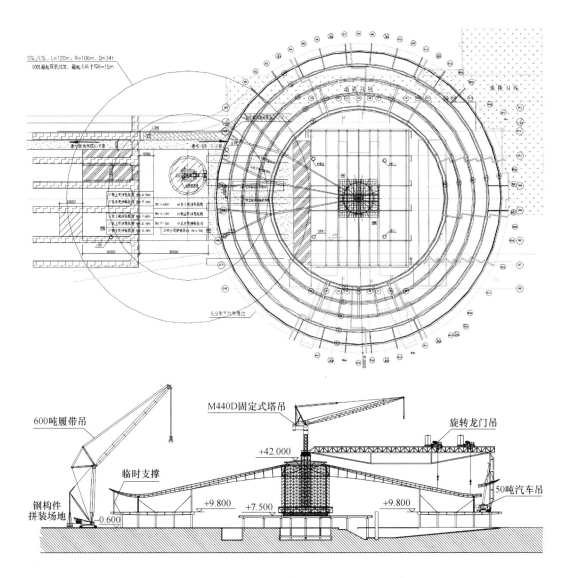

图 2-5   上海铁路南站钢结构安装平面及立面示意图

支承立柱与回转滚盘；回转滚盘是旋转式龙门吊的回转构件，利用盾构机主轴承。

（3）柔性支腿

柔性支腿主要由铰座、转台、横梁、塔身及其连接件、过渡梁及其连接件等部件组成（图2-9）。塔身利用原TQ60/80塔式起重机的塔身改制，在塔身根部安装斜撑，在塔身之间安装横杆及拉索；两台塔身上用横梁连接起来；在横梁上安装转台，转台绕横梁中心的竖轴，相对于横梁作转动；转台上安装铰支座，通过销轴连接，使铰支座相对于转台作平面内转动。

（4）起重小车

起重小车共2台，采用原TQ60/80塔吊的行走装置改造，起重小车设置在主梁上弦上，可沿主梁行走。每台起重小车装载2台5吨慢速卷扬机，配合滑轮组及横吊梁共同工作，单台起重小车起升重量50t（图2-10）。为了满足快速起吊小构件，在其中1台小车上增设2吨快速卷扬机。

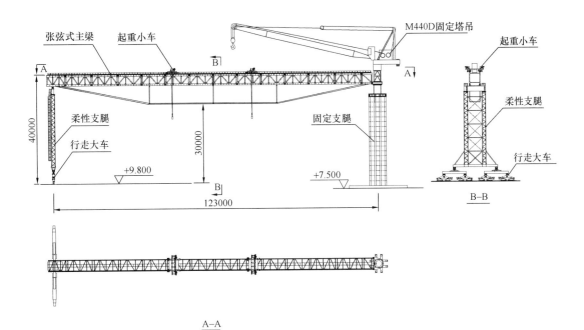

图 2-6　123m 跨旋转式张弦龙门吊

图 2-7　张弦式主梁

图 2-8　固定支腿

图 2-9   柔性支腿

图 2-10   起重小车

（5）行走大车

行走大车设置在柔性支腿下部，使用原 M440D 塔式起重机行走机构（图 2-11），由四台 7.5kW 交流变频电机提供动力，总功率 30kW，由变频控制器驱动。

图 2-12 为安装完后的 123m 跨旋转式龙门吊。

图 2-11   行走大车

图 2-12   安装完成的 123m 跨旋转式龙门吊

2.4.3　关键技术

（1）123m 跨龙门吊的安装与拆除

123m 跨龙门吊安装时先安装固定支腿和柔性支腿，同时在 9.8m 平台上整体拼装 123m 主梁，待固定支腿和柔性支腿安装完成后将主梁安装到位。固定支腿采用 600 吨履带起重机吊装。柔性支腿采用 150 吨履带起重机吊装。123m 长主梁重约 200t，安装高度约为 50m，采用 600 吨履带起重机整体吊装（图 2-13）。

图 2-13　123m 跨龙门吊安装

旋转式龙门吊拆除时，首先在龙门吊主梁上安装 1 台 QM18 型屋面起重机，将固定支腿上的 M440D 塔吊拆除，并在龙门吊主梁附近、避开已经安装的钢屋盖构件处重新安装，然后由 M440D 塔吊拆除龙门吊主梁的里侧两段，其余两段由场外的 600 吨履带起重机拆除。柔性支腿由 600 吨履带起重机予以拆除。最后借助完成的钢屋盖结构，采用卷扬机拆除中心的固定支腿（图 2-14）。

图 2-14　123m 跨龙门吊拆除

（2）圆形钢屋盖吊装

内压环共分为六段制作，每段内压环连有三段 1m 长的主梁连接端，出厂前须进行预拼装。环梁分段运输到现场西侧场地后，由履带起重机就位至 9.8m 平台上，再由龙门吊就位至 M440D 塔式起重机吊装范围内，再由塔吊安装到位（图 2-15）。内压环下方设置由 18 根圆钢管组成的临时支撑系统。

内、外钢柱均由龙门吊直接安装到位（图 2-16）。钢柱安装时须控制其平面位置和标高，柱底间隙采用 C60 铁屑砂浆进行压力灌浆。

图 2-15　内压环吊装　　　　　　　　图 2-16　龙门吊吊装钢柱

主梁分为 4 段吊装，由内压环向外依次为 26m 段、44m 段、37m 段以及 17m 段，构件重量依次为 22t、75.5t、48t、12.2t。主梁工厂分段运输至现场西侧场地后进行扩大拼装，然后由 600 吨履带起重机吊运至 9.8m 平台的临时支架上（图 2-17）。除 17m 段外，其余 3 段均由旋转式龙门吊吊装（图 2-18）。

图 2-17　600 吨履带起重机定点就位构件

图 2-18　龙门吊吊装主梁分段

17m 段主梁处于旋转式龙门吊覆盖范围以外，因此待龙门吊覆盖范围内的钢屋盖结构安装完成并龙门吊拆除后再行补缺；采用 50t 汽车吊在 9.8m 平台上进行吊装(图 2-19)。

（3）临时支撑卸载

钢屋盖结构安装完成后需要对内压环下部的临时支撑进行卸载。临时支撑由 18 根圆钢管组成，在 18 根钢管底部安装 36 只 50t 级千斤顶，每根立柱下放置 2 只。采用 18 各点位同步卸载方式，分 12

图 2-19　50t 汽车吊吊装 17m 分段主梁

个步骤循环卸载（图 2-20、图 2-21）。为确保临时支撑卸载的安全，对卸载过程进行了监测，内容包括所有内、外柱垂直度，外柱弹簧支座弹簧位移量（72 处）和内压环整体位移。

图 2-20　临时支撑卸载

图 2-21　临时支撑卸载并拆除后状况

2.4.4　实施效果

上海铁路南站超大型圆形钢屋盖采用旋转吊装技术安装，仅用两个半月时间就成功地将由千余件钢构件组成的、直径达 278m、重达 7800 余吨的钢屋盖安装完成。实践表明，对于周边及下部环境复杂的超大直径圆形钢屋盖结构，旋转吊装技术是一种有效的安装技术。

思 考 题

1. 旋转吊装技术的定义是什么？
2. 旋转吊装技术与常规的钢结构吊装技术相比有什么优点？
3. 旋转吊装技术用到的主要施工设备有哪些？
4. 简述旋转吊装技术的关键技术有哪些？

第3章 整体平移安装技术

3.1 概述

整体平移安装技术是指在结构易于施工的位置将结构组成单元或整体，然后通过平移系统将结构单元或整体平移至设计位置，从而完成结构安装的技术。同常规的钢结构吊装技术相比，整体平移安装技术主要优点在于：对周边环境的影响小；可最大限度的满足其他工种的交叉施工，节约施工工期；减少大型设备的使用，节约机械台班费用，节约施工成本；减少临时支撑的使用，节约措施用钢量，节约成本和资源；低能耗，低噪声，具有良好的社会效益和环境效益。随着技术的发展，目前，整体平移安装技术多采用计算机控制的液压系统作为动力源。根据液压系统的不同，可以分为牵引滑移、顶推平移等；此外，还发展了曲线滑移、带胎架滑移等多种平移技术。

1998年初完成的上海浦东国际机场一期航站楼钢屋盖采用了计算机控制的穿心式液压千斤顶作为动力源，以钢绞线作为媒介，牵引滑移安装到位，最大牵引单元重量达到1400t，一次牵引最长行程200m，累计滑移距离1600m（图3-1）。

图 3-1 上海浦东国际机场一期航站楼钢屋盖液压千斤顶牵引滑移安装

哈尔滨国际体育会展中心大跨度钢结构拱形屋架为张弦式结构，跨度达到128m，单榀屋架重200t，整体钢屋盖总量达7000t，采用了分榀组装、累积滑移、计算机控制、液压同步牵引的技术施工，在两条高差为15m、长400m的直线轨道上累积滑移就位（图3-2）。

图 3-2　哈尔滨体育会展中心钢屋盖滑移安装

北京 2008 年奥运会比赛场馆的五棵松体育馆钢屋盖采用顶推累积平移技术安装，该钢屋盖采用 26 榀正交桁架组成的结构体系，屋顶轴线跨度为 120m×120m，钢屋顶支撑于沿建筑物周围布置的 20 根混凝土柱上，柱顶标高 29.3m。整体平移设置三组平行的滑道，平移总重量达 3300t，平移距离 120m（图 3-3）。

图 3-3　五棵松体育馆钢屋盖整体平移安装

3.2　工艺原理及特点

3.2.1　工艺原理

钢结构整体平移安装技术的基本思路是将整个钢结构分成几个自身稳定的结构分段，根据结构体系以及现场施工条件，在动力源的作用下，或将每个结构分段，各自平移到位，或将几个结构分段组成若干更大的结构分段平移到位，或将拼装成整体的结构整体平移到位。

常用的动力源有卷扬机、穿心式液压千斤顶和顶推千斤顶等。卷扬机和穿心式千斤顶采用牵引的方式使被平移结构向前滑动，穿心式液压千斤顶工作原理同整体提升千斤顶，牵引平移基本原理如图 3-4；顶推千斤顶则通过向前推动结构使其平移至安装位置，基本原理如图 3-5。

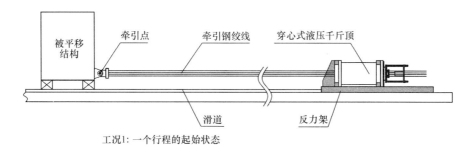

工况1：一个行程的起始状态

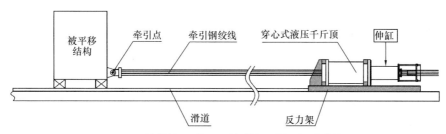

工况2：千斤顶上锚紧、下锚松，油缸伸缸，将钢绞线向前拔出一个千
斤顶行程的距离；钢绞线带动被平移结构向前滑移一个行程的距离。

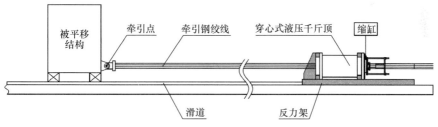

工况3：千斤顶下锚紧、上锚松，油缸缩缸，完成一个行程的工作。

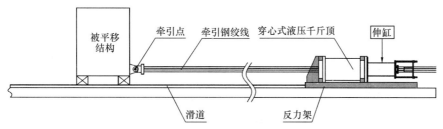

工况4：如前工序，千斤顶上下锚交替松紧，油缸反复伸缩，带动被平移
结构向前不断滑移。直至安装位置完成滑移安装。

图 3-4　牵引平移基本原理

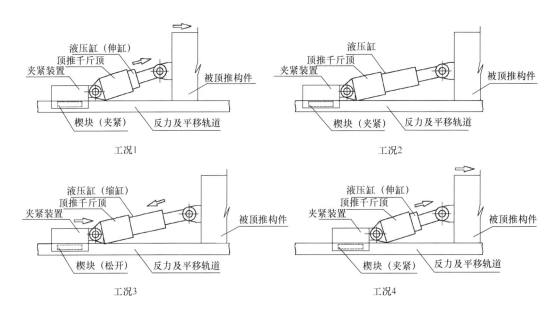

图 3-5 顶推平移基本原理

图 3-5 中，首先顶推千斤顶夹紧装置中楔块与平移轨道夹紧，顶推千斤顶液压缸前端活塞杆销轴与平移构件（或滑靴）连接。顶推千斤顶液压缸伸缸，推动平移构件向前平移。顶推千斤顶液压缸伸缸一个行程，构件向前平移一个步距。一个行程伸缸完毕，平移构件不动，夹紧装置中的楔块与平移轨道，顶推千斤顶液压缸缩缸，并拖动夹紧装置向前移动。顶推千斤顶一个行程缩缸完毕，表明顶推平移完成一个行程。反复执行上述步骤，使构件顶推平移至最终位置。

3.2.2 工艺特点

采用这种工艺，由于拼装场地和组装用起重机可集中于一块固定的场地，减少了临时支撑、操作平台等措施，提高了作业效率，节约了场地处理和现场管理成本；在一些大跨度、大面积的工程中，与常规吊装法相比，采用这种工艺可以有效降低起重机械的等级、节约成本。

3.3 施工设备

整体平移安装施工设备主要由顶推设备和滑道系统组成。顶推设备采用机电一体化设计，由液压动力系统、电气控制系统和计算机控制系统组成，以计算机控制系统作为控制部件，以电气控制系统作为驱动和连接部件，以液压动力系统作为执行部件，形成一套可以按需组合、灵活布置的模块化结构的新型施工设备。滑道系统则在平移安装过程中起到承重及导向作用。

3.3.1 液压动力系统

液压动力系统由液压泵站、液压连接元件、牵引或顶推油缸（液压千斤顶）、比例阀、换向阀、分流发阀、压力开关、油管等组成。其主要作用是通过接受电气信号来实施顶推（牵引）和提升（顶升）等各种动作，同时根据信号来确定动作的快慢，从而达到同步工作的目的。一般的液压工作原理如图 3-6 所示。

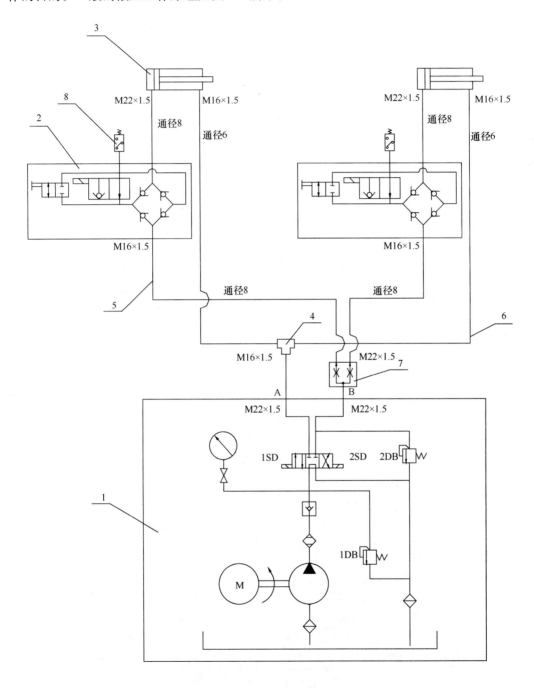

图 3-6　液压原理图

1—液压泵站；2—液压阀块；3—平移液压油缸；4—三通接头；5—高压软管（通径 8）；

6—高压软管（通径 6）；7—分流阀；8—压力开关

3.3.2 电气控制系统

计算机控制部分通过电气控制部分驱动液压系统，并通过电气控制部分采集液压系统状态和平移工作的数据作为控制调节的依据。

电气控制部分还要负责整个平移系统的启动、停机、安全联锁以及供配电管理等，因此电气控制是计算机系统与液压执行系统之间的桥梁与纽带。

电气控制设计要求功能齐全、设计合理、可靠性好、安全性好、具有完善的安全联锁机制、规范可靠的安全用电措施以及紧急情况下的应急措施，同时安装维护更为方便。

电气控制系统由总控箱、单控箱、泵站控制箱、传感器、传感检测电路、现场控制总线、供配电线路等组成。其中总控箱有操作面板（含启动按钮、暂停按钮、停机按钮、操作方式切换、系统伸缸缩缸按钮、纠偏实时调节开关）、显示面板（含电源指示、操作方式指示、油缸全伸全缩显示、截止阀运行指示、分控箱专用指示、支座移位结束指示、系统正常及系统故障偏差异常指示，并有偏差报警、故障报警等）。

3.3.3 计算机控制系统

计算机控制系统主要功能是通过电气系统反馈信号，通过实时数据处理和分析，发出指令，通过电气系统控制液压千斤顶的平移作业，并将各顶推点的位移控制在误差允许范围内。计算机控制系统由顺序控制系统、偏差控制系统和操作台监控子系统组成。其控制参数可根据不同构筑物的结构可以承受的不同步量来确定。计算机控制系统包括硬件和软件两个方面。整个计算机反馈及控制系统的一般构成如图 3-7 所示。

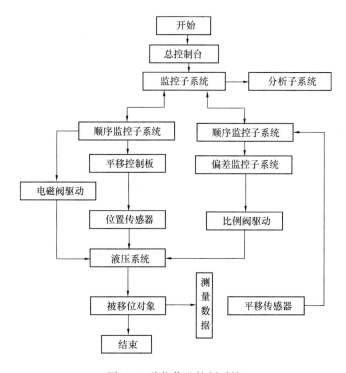

图 3-7 移位作业控制系统

3.3.4　滑道及滑靴（滑块）系统

滑道系统起到结构在平移安装过程中的承重及导向作用。滑道的强度、平整度以及平直度是关键的控制点。滑道根据形式大致可分为导向型滑道和非导向型滑道。导向型滑道具有物理强制导向功能，通常多采用钢轨（图 3-8a）和凹槽型滑道（图 3-8b），非导向型滑道为无物理强制导向的平面滑道，如图 3-9。

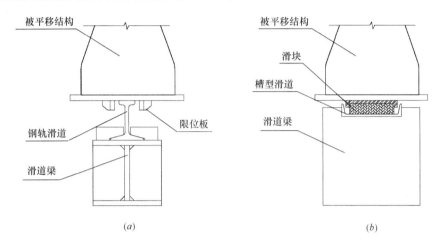

(a)　　　　　　　　　　　　(b)

图 3-8　导向型滑道

当滑道下方有通长现有结构构件，如混凝土梁等，可将滑道直接铺设在现有结构上。当下方无可直接利用的通长结构，可通过设置滑道梁的方式解决，比如可在柱顶之间增设钢梁或钢桁架（滑道梁），然后在钢梁或钢桁架顶面铺设滑轨。为确保安全，需要对滑道梁及其下方的支承结构进行承载能力、变形等计算。

滑道的施工误差应符合下面规定：

（1）同一条滑道滑移面高差≤1mm；

（2）滑道接头处中心线偏差≤3mm。

滑靴（滑块）安装在被平移结构上，作为被平移结构的支承结构，与滑道配合。为减小

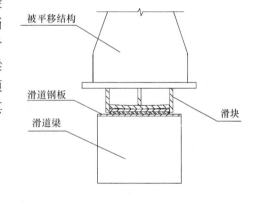

图 3-9　非导向型滑道

滑靴与滑道之间的摩擦力，降低平移需要的动力，通常采用以下几种组合方法：

（1）台车滑移（图 3-10a）

采用单个或一组车轮组成的台车，与钢轨配合。这种组合，由于是滚动摩擦，台车车轮与钢轨之间的摩擦系数较小，可有效降低平移过程中的摩擦力。但是受台车承载力的限制，被平移结构的重量相对较小。

（2）滚轴滑移（图 3-10b）

滚轴一般与槽型滑道配合，同样采用滚动摩擦原理，摩擦系数相对较小。为进一步降低平移过程中的摩擦力，在槽型滑道内还可以增加润滑剂或铺设不锈钢板（或镀锌钢板）

后再加润滑剂等。滚轴滑移的缺点是承载能力相对较小，且滚轴容易损坏，这种做法施工中应用较少。

（3）滑块滑移（图 3-10c）

滑块一般与槽型滑道或钢轨滑道配合使用。平移时，滑块与滑道之间是滑动摩擦，相对来说摩擦系数较大，因此需要增加润滑措施。常用措施有在钢滑块与钢滑道之间添加润滑剂减摩，摩擦系数可控制在 $0.1\sim0.12$；也可在滑块底部增设聚四氟乙烯等高分子材料（四氟板），此类材料与钢的摩擦系数在 $0.05\sim0.1$。此外，也可以通过聚四氟乙烯等高分子材料、不锈钢板、镀锌钢板和润滑剂等组合使用，进一步实现降低摩擦系数的目的。

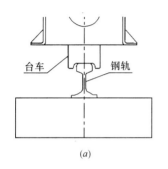
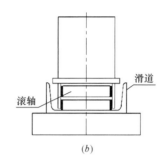
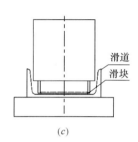

(a) (b) (c)

图 3-10 滑靴（滑块）与滑道的组合

3.4 关键技术

3.4.1 平移单元划分

平移单元划分需结合被平移结构的特点以及平移的方式确定。平移单元划分的主要原则是：

（1）划分后的平移单元自身必须是稳定的结构体。当自身稳定有问题时，可通过加固或增设临时支撑形成稳定的平移单元，待结构平移到位且结构自身形成稳定体系后方可拆除临时加固措施。

（2）划分后的平移单元重量应满足平移设备的牵引或顶推能力，并留有必要的安全系数。

3.4.2 整体平移计算分析

（1）被平移结构的内力、变形及稳定性计算

整体平移过程中，被平移结构的受力情况相比散装来说，与最终状态比较接近，但构件平面外支撑、支座等边界条件仍有区别，构件的内力、结构的稳定性均不如建成状态，需要进行计算分析。平移过程虽然缓慢，但结构仍处于运动状态，尤其是平移启动的瞬间，动载对结构的影响也需要进行评估。被平移结构的牵引或顶推作用点处的局部承载力及变形也需要进行计算。多点牵引或顶推时，同步性非常重要，即便采用计算机等先进技术进行控制，受设备误差等影响，仍会存在不同步现象，而这个不同步反作用到被平移结

构上，轻则将会引起内力和变形的变化，重则会产生结构安全问题，因此必须对此进行计算分析。

当计算分析发现结构存在安全隐患时，需要采取必要的措施，如增加临时支承结构、局部构件进行加强等。

（2）平移系统的计算

为确定和优化牵引或顶推点的布置以及确定牵引或顶推力的大小，需要对平移过程进行计算分析，获取变形以及力的分布及大小。滑道系统需要根据上述计算结果进行设计计算。由于平移过程中荷载最终将通过滑道传递至下方的支承结构，因此必须对支承结构的安全性进行计算分析。当下部结构承载力或变形超限时，需要进行必要的加固，加固措施同样需要进行计算。

（3）拼装胎架的承载力计算

被平移结构在平移起始端整体拼装，需要搭设必要的拼装胎架。拼装胎架需要承受拼装结构的自重、操作脚手架重量以及施工活荷载等。当胎架高度较高时，尚需要考虑风载的影响。胎架的强度、刚度及稳定性关系到构件的拼装质量及施工安全，因此必须对胎架承载力、稳定性、变形以及胎架基础的沉降进行计算。

（4）拼装构件的吊装计算

被平移结构在拼装过程中，当存在平面内、外刚度较差的构件时（如吊装长度较长的平面桁架），需要对其吊装工况下的应力、变形以及平面内、外稳定性进行计算，如存在不足，则需要调整拼装分段或进行临时加固。

3.4.3　整体平移姿态控制

顶推平移中可能出现的偏差是位移、负载、方向、加速度等多方面的。其中主要矛盾是负载偏差，负载偏差超限会导致结构内力和变形超限，影响结构安全。一般来说，平移过程中各作用点负载正常，则整个平移也是正常的。因此，在整体平移过程中以负载偏差控制为主、位移偏差控制为辅；到最终定位时则以位移偏差控制为主。

在平移过程中，导致负载增加的因素主要有平移阻力增大（滑道或滑块异常变形、有异物或润滑条件变坏等）、部分平移作用点的千斤顶液压性能降低（液压系统漏油或损坏等）以及被平移的钢结构姿态发生变化（方向偏斜，导致擦边或卡轨；部分点的位移偏差变化导致使负载分布随之变化等）。其中，姿态变化是主要矛盾，因为滑道、滑块和液压系统的问题属于故障性质，一旦发生可以停机检修，排除后就可恢复正常施工，而且加强维护可以减少甚至避免故障发生。而姿态变化却是平移过程本身的伴随者，不可能消除，只能加以调节控制。

3.4.4　整体平移施工监测

钢结构整体平移是由计算机控制自动进行的，钢结构在平移中的姿态也是由计算机通过传感器来检测和调整的。虽然计算机的控制精度很高，但传感器作为一种电气装置，不能不考虑到它的故障率、受干扰和环境因素影响以及在施工现场受意外碰撞损坏的情况。因此，在整体平移过程中，需要采用相关的仪器等进行实时监测，确保平移过程顺利实施。

3.5   工程案例

3.5.1   工程概况

重庆江北国际机场航站楼（图 3-11）主楼钢屋盖由 4 榀主桁架、36 榀次桁架和若干悬挑钢梁组成，高 30m。主桁架投影长度达 117m，跨度约 90m，单榀重约 500t；次桁架单榀重约 22t。整个钢屋盖通过东侧的 4 组巨型人字形组合柱和西侧的 4 组巨型四肢组合柱支承在地面基础上（图 3-12、3-13）。主桁架与钢柱柱顶之间互相穿插（图 3-14）。

图 3-11   重庆江北机场效果图

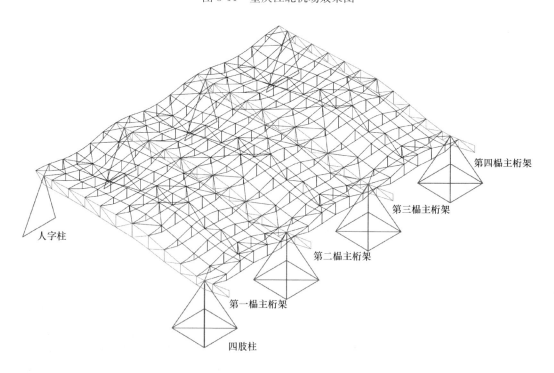

图 3-12   重庆江北机场航站楼主楼钢屋盖结构体系

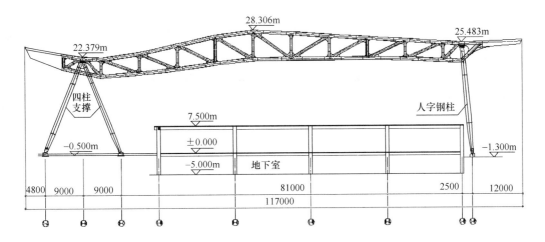

图 3-13　主桁架立面图

图 3-14　主桁架与钢柱的连接

3.5.2　施工工艺

巨型钢主桁架长 117m、重 500t，采用大型起重机跨外或跨内吊装的方法显然都是不可行的。而受下部混凝土结构的承载力限制，采用临时支架辅助、分段高空原位安装的方法，势必要对下部结构进行大量的加固，施工成本高，且影响下部结构内部其他工种的施工。

根据钢屋盖结构特点以及施工现场环境，常规安装方法无法胜任，因此采用了"跨端组装、计算机控制液压同步矩阵式顶推累积平移"的新工艺进行安装，即在跨端设置拼装胎架，利用 150t 履带起重机（最大起重能力仅要求 4000kN·m）进行钢立柱及主桁架的整体拼装（图3-15）。一榀主桁架及立柱拼装完成后，将主桁架与立柱向前整体平移一个柱距（平移45m）。然后再在跨端拼装胎架上拼装第二榀主桁架与立柱，并安装两榀主桁架之间的次桁架和檩条等结构，使两榀主桁架联成整体结构，然后将其整体向前平移一个柱距（平移45m）。接着再安装第三榀主桁架与立柱及之间的次结构，与前两榀累积组合成更大的结构，再向前平移45m。最后1榀主桁架与立柱及之间的次结构拼装后，累积形成约5000t重的结构，整体向前平移45m，完成整个钢屋盖的平移安装。整个钢屋盖的累积顶推平移安装流程见图3-16。

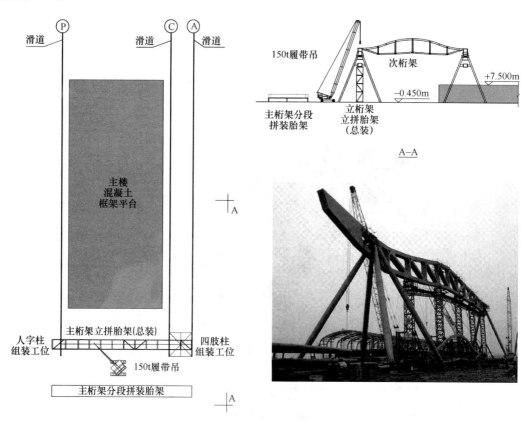

图 3-15　钢屋盖结构跨端拼装示意图

整体顶推采用液压千斤顶提供动力，顶推点设置在钢立柱柱脚上。每榀主桁架有6个柱脚，其中2个柱脚位于人字柱底部，4个柱脚位于四肢柱底部，整个钢屋盖共有24个柱脚。如果每个柱脚都作为顶推点，虽然每点的顶推力较小，但是顶推千斤顶数量较多，成本太高且同步控制难度也较大。因此，每榀桁架设置了3个顶推点（人字柱上设1点，四肢柱上设2点），整个结构共设12个顶推点（图3-17）。经计算，在摩擦系数为0.2的条件下，顶推点的最大推力为100t（实际摩擦系数小于0.1）。为此，选用推力为130t的顶推千斤顶。

整体顶推的控制要求为：钢结构平移加速度小于等于0.1g；钢结构平移速度控制在4～5m/h；位移精度控制在5mm以内；平移时各点之间距离偏差不超过±10mm；动态负载控制要求不超过各顶推点的计算负载。

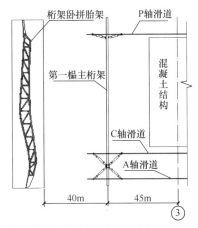

第一步：第一榀主桁架在跨外立式胎架上拼装。

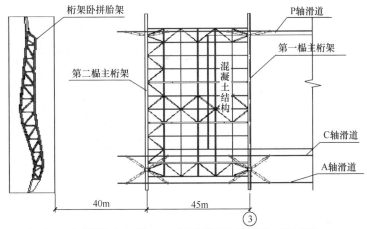

第二步：第一榀主桁架沿滑道水平顶推45m，在原立拼胎架上拼装第二榀主桁架，并进行副桁架等节间安装。

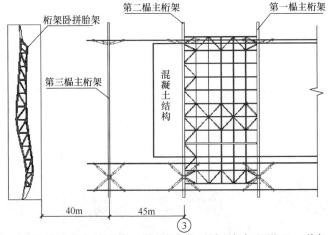

第三步：将已连成整体节间的第一榀主桁架和第二榀主桁架水平顶推45m，并在原立拼胎架上拼装第三榀主桁架。

图 3-16　钢屋盖整体顶推平移安装流程（一）

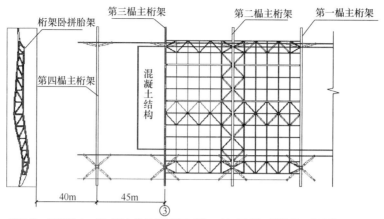

第四步：安装第二、第三榀主桁架之间的次桁架、屋面支撑、斜撑等，并将第一、
第二、第三榀主桁架整体水平顶推45m，在原立拼胎架上拼装第四榀主桁架。

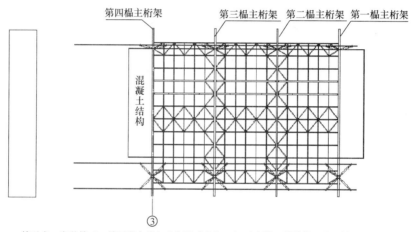

第五步：安装第三、第四榀主桁架之间的次桁架、屋面支撑、斜撑等，并将第一、
第二、第三、第四榀主桁架整体水平顶推45m，达到设计位置。

图 3-16　钢屋盖整体顶推平移安装流程（二）

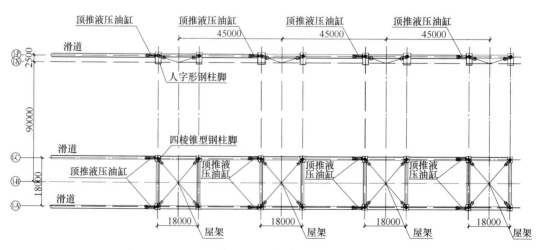

图 3-17　顶推点布置

3.5.3　系统设计

（1）承载系统设计

顶推平移的承载系统由滑道、滑块、反力架等组成（图 3-18）。滑道、滑块承受顶推平移时由结构自重及摩擦力引起的三向反力；反力架承受钢结构顶推平移时的后座力；钢结构平移时，滑道起到导向作用。

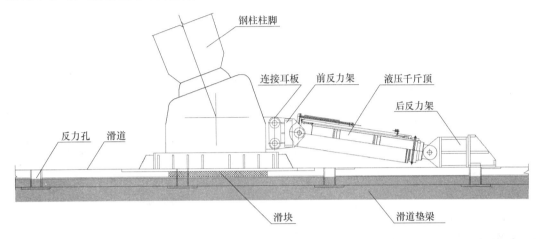

图 3-18　承载系统

滑道设计的要点是具有足够的承载力，在顶推中不发生变形和沉降。本工程顶推平移过程中，柱底竖向反力最大达 250t，如果滑道发生沉降变形，不仅会使结构产生附加应力，而且会大大增加顶推阻力。根据现场地质勘察结论，拟设置滑道的轴线下方地基条件良好，绝大部分为原状泥岩，地基极限承载力达 122t/m²，支承条件极为有利。因此，滑道下部采用混凝土垫梁形式，垫梁直接浇筑在地基上，顶推过程中竖向荷载通过滑块传递到滑道上，并通过垫梁将滑块的集中荷载扩散至 60t/m² 左右，并传递到天然泥岩地基上。由于人字柱一侧向内倾斜，使每个柱脚处产生 20t 左右的水平反力。因此，滑道的设计需要考虑承受水平荷载，故滑道采用槽型结构（槽钢），并埋入滑道下的混凝土垫梁（图 3-19）。滑块与滑道之间采用滑动摩擦副。为了减小摩擦系数，同时满足 250t 的重载要求，选用"华龙"减摩板和不锈钢板或镀锌钢板配合（图 3-20），构成摩擦副，设计压

图 3-19　槽型滑道

图 3-20　滑道中的减摩板

强≤12MPa，在润滑良好时，静摩擦系数为 0.07，动摩擦系数为 0.05，与滚动摩擦相当。考虑到顶推起始阶段推动时的静摩擦比较大，采用不锈钢板与减摩板摩擦副；正常顶推过程中则采用成本相对较低的镀锌钢板代替不锈钢板。同时，在滑块上还设置了润滑油自动补给的孔道和装置，以进一步降低摩擦系数。

滑道处还需要承受顶推时的纵向顶推力，顶推时 12 组千斤顶同时作业，将总顶推力分解至 12 个柱脚处，每个千斤顶顶推力小于 100t。设计采用在滑道两侧每隔 1.5m 布置方管反力孔（设置在混凝土垫梁上），在顶推时安装反力架的方式承受顶推反力。

反力架分前、后两部分，顶推千斤顶的尾部通过前反力架与钢柱柱脚刚性连接，顶推千斤顶的头部与后反力架刚性连接，后反力架插在滑道垫梁的预设反力孔内。顶推时，千斤顶头部（活塞）伸出，通过后反力架将力传递给反力孔和滑道垫梁，后反力架和反力孔通过反作用力将千斤顶推出，推动钢结构向前平移。

（2）顶推设备研制

顶推设备采用机电一体化设计，由液压系统、电气系统和计算机系统组成，以计算机系统作为控制部件，以电气系统作为驱动和连接部件，以液压系统作为执行部件，形成一套可以按需组合、灵活布置的模块化结构的新型施工设备。

图 3-21　液压千斤顶

液压系统包括液压千斤顶、液压阀组、液压泵站和高压油管等。液压千斤顶最大顶推能力 130t（图 3-21）。电气系统包括总控箱、单控箱、泵站控制箱、各类传感器、控制电缆和动力电缆、电源等。计算机系统包括控制计算机、操作计算机、编程计算机、远程输入输出模块（RIO）和现场总线等。

顶推设备的作业方式有总控：连续顶推（行程长度可调）、单步顶推（顶推步长可设）；分控：多点顶推（各点步长可分别设定）、单点伸缩缸（伸缩缸长度可设）；单控：各顶推点自行操作。

顶推设备的操作界面有总控操作员用的总控箱面板、计算机控制界面（图 3-22）以

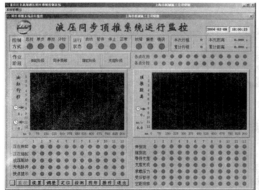
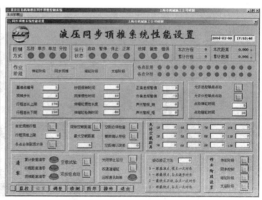

图 3-22　计算机控制系统操作界面

及顶推点操作员用的单控箱面板。

3.5.4　关键技术

（1）移位状态下结构计算分析

对于重达 5000t 的钢结构带钢柱进行整体平移，平移过程中结构的内力、变形和支座反力如何变化，第 1 榀主桁架单榀滑移是否稳定，所采取的临时加强措施是否有效，这些都是关系到结构安全和施工质量的关键问题。在方案制定时，采用大型有限元结构分析软件进行了顶推平移施工过程模拟计算分析。通过计算，得出了各种工况下内力分布图、变形分布图、按强度计算的最大内力、按平面稳定计算的最大内力、最大变形，以及单榀滑移时的整体稳定性，增加稳定措施后的内力分布和变形分布等等。计算分析的结果验证了顶推滑移的结构稳定性和安全性，以及结构加强措施的合理性和有效性。通过计算，还得出各种工况下支座反力，包括垂直反力、水平反力、摩擦力，以及液压千斤顶压力，从而确定了施工阶段各顶推点的额定负载，为计算机控制系统进行动态负载控制提供了具体的依据。

（2）整体顶推中的姿态控制技术

本工程 12 个顶推点位于 3 条纵轴 4 榀桁架，形成 3×4 的矩阵分布，点与点之间，线与线之间都有互相影响。例如某一点位置超前了，对前面的点会产生推力，对后面的点会产生拉力，对左右的点会产生扭力；处于外侧的竖线超前了，可能使顶推方向朝另一侧偏斜，本侧的侧面阻力会减小，另一侧的就可能增大。因此，进行姿态控制应当考虑点、线、面的效应和动态效应。本工程中，研究编制了专门的姿态分析软件，用以辅助操作人员分析整体顶推平移过程中的姿态、选择姿态调节方法并决定调节目标和调节量。同时在控制系统中设置了一系列由操作员选择、由计算机执行的动态调节技术，这些技术可以实现如下功能：

1）施加于目标点的直接调节，施加于相邻点的间接调节。

2）点上调整、线上调整和面上调整。

3）一次调整到位和分次逐步到位。

4）临时性调节和持久性调整。

实践表明，这些姿态控制技术取得了明显的效果。在第 3、4 次顶推中，往往施加 5mm 的调节量就可使目标点的负载增减 10%～30%。通过控制和调节，使各顶推点相对位置趋向合理，减少了外侧滑块与滑道间的"擦边"现象，降低了顶推的整体阻力，提高了顶推速度，也改善了结构的动力效应。

（3）整体顶推中的精确定位技术

由于顶推的钢屋盖结构体积和重量均很大，所以当最终定位时，一旦顶推过头，纠正难度很大。如果最终定位时大部分点到位了，而少数点还有差距，校正也比较困难，特别是那些负载大的顶推点，单独校正有可能推不动，而且可能造成较大的结构变形。因此既要高精度定位，又要力争所有点同时到位。施工中，分 3 步进行每次顶推结束时的定位：

第一步：预调。从"负载偏差控制为主"转换到"位移偏差控制为主"，消除姿态调节带来的位移差值。

第二步：初调。将顶推距离的测量数据输入计算机，修正位移传感器的累积误差，消除实际位移偏差。

第三步：精调。在最后一个行程将测量的顶推余量输入计算机，计算机据此扣除液压惯性量后算出各点的顶推步长，使各点同时一步到位。

在需要进行预调、初调、精调的时候，计算机自动暂停并提示总控操作员，采用人工干预的方式实施。在顶推过程中，计算机随时比较每次顶推量（顶推行程长度或顶推步长）和顶推余量，防止因总控操作员的疏忽导致推过头。液压系统对计算机的响应具有一定的滞后性，5000t 的钢结构顶推时又存在一定的惯性。在偏差控制程序中，设置了自动的检测分析功能，随时采集液压滞后和惯性数据，供总控操作员对最终定位量作修正。在方案制定时，预备了微调手段，主要有分控状态下的各点单步顶推、各点步长可分别设定以及顶推点的关闭功能（可关闭所有已到位的顶推点千斤顶）。

3.5.5　实施效果

本工程主楼钢屋盖安装计划工期为 5 个月，采用累积顶推平移新工艺后，仅用 3 个月 20 天就完成安装工作，提前 40 天左右。主楼钢屋盖安装时，其西侧和跨内混凝土平台下的其他工序照常施工。由于钢结构安装是整个工程的关键工序，钢结构工期的提前对整个工程的推进意义重大（图 3-23）。

第 1 次顶推

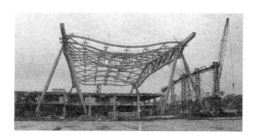
第 2 次顶推

第 3 次顶推

第 4 次顶推

顶推平移完成

图 3-23　重庆江北机场钢屋盖整体顶推平移安装实景

思 考 题

1. 钢结构整体平移安装技术的定义是什么？
2. 简述钢结构整体平移安装技术的工艺原理及特点。
3. 钢结构整体平移安装技术施工设备有哪些？
4. 钢结构整体平移安装的关键技术有哪些？
5. 在重庆江北国际机场航站楼工程施工中的系统设计内容有哪些

第4章　整体提升安装技术

4.1　概述

整体提升法是指在结构柱上安装提升设备提升网架。整体提升法有两个特点：一是网架必须按高空安装位置在地面就位拼装，即高空安装位置和地面拼装位置必须在同一投影面上；二是周边与柱子（或连系梁）相碰的杆件必须预留，待网架提升到位后再进行补装（即补空）。

大跨度建筑钢结构采用整体提升安装技术在国内始于20世纪70年代，最著名的代表工程为1973年建造的上海万人体育馆，其直径124.6m、重600t的圆形钢屋盖，采用焊接球节点变高度曲面网架结构。施工单位自主开发了"网架整体提升、空中旋转就位"的整体提升安装工艺，采用12台10t电动卷扬机作提升动力，六根50m高独脚拔杆配合十二副起重滑轮组组合作业，网架整体提升历时1小时41分钟，空中旋转移位历时43分钟，最终成功完成网架结构的整体安装。该工程整体提升安装技术获得1978年全国科学大会奖（图4-1）。

图 4-1　上海万人体育馆钢屋盖整体提升安装

从技术上看，限于当时的工业水平，早期的整体提升安装的动力主要采用卷扬机提供，通过钢丝绳配合滑轮组实现，整体提升的能力（提升重量）以及同步性控制都相对较弱，但却是开创了国内大跨度建筑钢结构整体安装的先河。实际上，即便到了科技发达的21世纪，卷扬机整体提升技术由于其构造简单、操作方便、成本低廉等优点，在一些特定的工程条件下依然能够发挥非常好的作用，比如2008年北京奥运会场馆—北京奥运会老山自行车馆（图4-2）、北京科技大学体育馆（图4-3）以及2008年北京残奥会场馆—中国残疾人体育训练综合基地田径及力量训练馆焊接球钢网架屋盖等工程就是采用了卷扬机组配合拔杆群进行大跨度钢屋盖的整体提升安装。

随着技术的发展，到了20世纪90年代，计算机控制、钢绞线承重、集群液压千斤顶提供动力整体提升技术取代卷扬机整体提升技术，开始在大、中型建筑钢结构的整体提升

图 4-2　北京奥运会老山自行车馆钢网架屋盖

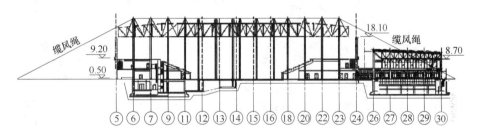

图 4-3　北京科技大学体育馆钢网架屋盖整体提升安装

施工中得到应用。1994 年完成的北京西客站主站房钢结构门楼即采用这一新兴技术完成整体提升安装，整体提升重量 1800t、提升高度 43m（图 4-4）。同年完工的上海东方明珠广播电视塔长 118m、重 450t 的钢桅杆也采用了这一新兴技术，整个天线钢桅杆提升高度达到 360m（图 4-5）。1995 年完成的北京首都国际机场四机位机库钢结构屋架（提升重量约 5400t，提升高度 26m）以及 1996 年完成的上海虹桥机场东方航空公司双机位机库钢网架屋盖（提升重量 3200t，提升高度 25m）等机库钢屋盖（图 4-6）、上海大剧院钢屋盖（提升重量 6075t，提升高度 26m，图 4-7）、上

图 4-4　北京西客站主站房钢结构门楼整体提升

海证券大厦钢天桥（提升重量 1240t，提升高度 105m，图 4-8）等工程均采用了这一新兴安装技术。

图 4-5　上海东方明珠电视塔天线整体提升

图 4-6　大型机库钢屋盖整体提升安装（左为首都机场四机位机库、右为虹桥机场双机位机库）

图 4-7　上海大剧院钢屋盖整体提升安装　　图 4-8　上海证券大厦钢天桥整体提升安装

2000 年以来，随着全国各地新一轮建设的开展以及 2008 年北京奥运会的成功举办，整体提升技术更是在机场车站、体育会展等大跨度钢结构中得到广泛应用。整体提升安装技术除了应用于钢结构整体安装外，也可应用于大跨度钢结构中的部分构件的整单元安装，如大跨度钢桁架分组整体提升、大型钢桁架单榀整体提升等。上海浦东国际机场 T2 航站楼主楼屋盖钢桁架采用分组整体提升技术（图 4-9），上海世博会世博中心 54m 跨大桁架、京沪高铁上海虹桥站站屋钢桁架（图 4-10）等均采用了单榀钢桁架整体提升安装技术。

图 4-9　浦东国际机场 T2 航站楼钢　　　图 4-10　京沪高铁上海虹桥站钢桁架单榀提升
　桁架分组整体提升

4.2　工艺原理及特点

4.2.1　工艺原理

　　整体提升安装技术是指钢结构在地面或适当部位组装成整体或整个单元，采用多台提升机械提升安装至设计位置的特种安装工艺。采用该技术进行钢结构安装，可以显著减少结构安装时的高空作业，有利于质量控制、作业安全和提高施工效率。提升机械可以采用卷扬机组或液压提升设备。

　　随着技术的进步，目前广泛应用的整体提升安装技术是采用液压同步提升技术。该技术采用液压提升器（穿心式液压千斤顶）作为提升机具；柔性钢绞线作为承重索具，与液压提升器的锚具配合传递提升力，实现提升过程中结构件的上升（下降）和锁定。液压提升器两端的楔形锚具具有单向自锁作用，当锚具工作（紧）时，会自动锁紧钢绞线；锚具不工作（松）时，放开钢绞线，钢绞线可上下活动。

　　液压提升工作流程如图 4-11 所示，一个流程为液压提升器一个行程。当液压提升器周期重复动作时，被提升重物则一步步向上移动。

　　图 4-12 示意了液压提升器工作的机理。

4.2.2　工艺特点

　　液压同步整体提升工艺采用液压提升器（液压千斤顶）系统为提升动力执行部件，由液压泵站提供动力，通过提升器油缸的升缩和上下锚具的交替置换，实现提升动作。电气和计算机控制系统根据各类位置和荷载传感器的信号，结合同步（异步）或荷载控制的要求，下达各类作业指令。由计算机控制的液压千斤顶集群作业设备进行钢结构整体提升作业具有组合灵活、控制精细、自动化程度高等优点，并可实现特大型、超重结构、超高结构的整体同步提升。

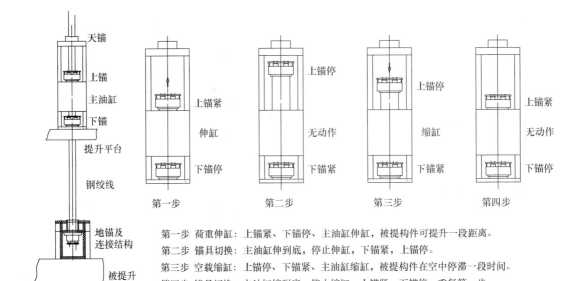

提升体系示意图

第一步 荷重伸缸：上锚紧、下锚停、主油缸伸缸，被提升构件可提升一段距离。
第二步 锚具切换：主油缸伸到底，停止伸缸，下锚紧，上锚停。
第三步 空载缩缸：上锚停、下锚紧、主油缸缩缸，被提升构件在空中停滞一段时间。
第四步 锚具切换：主油缸缩到底，停止缩缸，上锚紧，下锚停，重复第一步。

图 4-11　液压同步提升工作流程

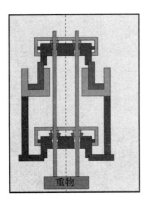

第1步：上锚紧，夹紧钢绞线；

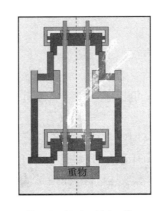

第2步：提升器提升重物；

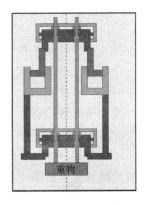

第3步：下锚紧，夹紧钢绞线；

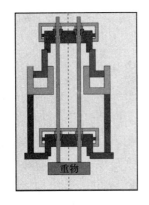

第4步：主油缸微缩，上锚片脱开；

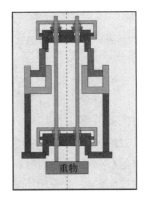

第5步：上锚缸上升，上锚全松；

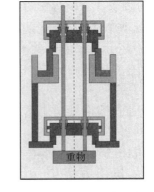

第6步：主油缸缩回原位。

图 4-12　液压提升器工作机理

4.3　施工设备

液压同步整体提升系统主要由液压提升系统、支承系统和控制系统三大部分组成。

4.3.1　液压提升系统

液压提升系统主要由液压提升器（穿心式液压千斤顶）、液压泵站、承重钢绞线及锚具等组成。

液压提升器（图 4-13）由张拉缸、顶压缸、顶压活塞及弹簧等部分组成，其特点是沿拉伸机轴心有穿心孔道，钢绞线穿入后由尾部的工具锚锚固。比较常用的液压提升器规格主要有 500kN、800kN、1000kN、1500kN、2000kN、2500kN、3500kN、5000kN 等。

液压泵站（图 4-14）是液压整体提升系统的动力部分。随着技术的发展，液压泵站采用了一些先进技术，比如电液比例控制技术、远程实时控制技术、结构模块化设计技术、节能及安全保护技术等，有效地提高了泵站的工作性能。

图 4-13　穿心式液压千斤顶　　　　　图 4-14　液压泵站

承重钢绞线通常采用高强度低松弛预应力钢绞线。

4.3.2　支承系统

支承系统是支承液压提升系统的支架，用以固定液压千斤顶装置。提升支架可独立设置（图 4-15*a*），也可利用永久结构设置支承架（图 4-15*b*）。

(*a*)　　　　　　　　　　　　　　　(*b*)

图 4-15　支承系统

4.3.3　控制系统

控制系统是液压整体提升系统的大脑，分为电气控制系统和计算机控制系统。

（1）电气控制系统

计算机控制部分通过电气控制部分驱动液压系统，并通过电气控制部分采集液压系统状态和顶推工作的数据作为控制调节的依据。

电气控制部分还要负责整个顶推系统的启动、停机、安全联锁以及供配电管理等，因此电气控制是计算机系统与液压执行系统之间的桥梁与纽带。

电气控制设计要求功能齐全、设计合理、可靠性好、安全性好、具有完善的安全联锁机制、规范可靠的安全用电措施以及紧急情况下的应急措施，同时安装维护更为方便。

图 4-16　电气控制箱

电气控制系统由总控箱、单控箱、泵站控制箱、传感器、传感检测电路、现场控制总线、供配电线路等组成。其中总控箱有操作面板（含启动按钮、暂停按钮、停机按钮、操作方式切换、系统伸缸缩缸按钮、纠偏实时调节开关）、显示面板（含电源指示、操作方式指示、油缸全伸全缩显示、截止阀运行指示、分控箱专用指示、系统正常及系统故障偏差异常指示，并有偏差报警、故障报警等）。图 4-16 为电气控制箱。

（2）计算机控制系统

计算机控制系统主要功能是通过电气系统反馈信号，通过实时数据处理和分析，发出指令通过电气系统控制液压千斤顶的提升作业，并将各顶推点的位移控制在允许范围内。计算机控制系统由顺序控制系统、偏差控制系统和操作台监控子系统组成。其控制参数可根据不同构筑物的结构可以承受的不同步量来确定。计算机控制系统包括硬件和软件两个方面。整个计算机反馈及控制系统的一般构成如图 4-17 所示，图 4-18 为计算机控制系统的人机交互界面。

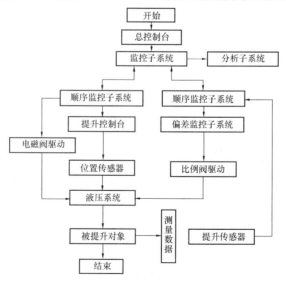

图 4-17　整体提升作业控制系统

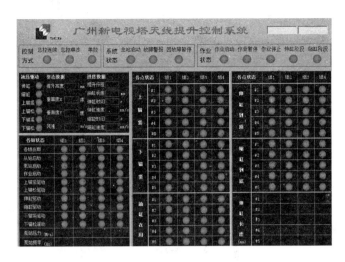

图 4-18　液压同步提升控制系统人机界面

4.4　关键技术

4.4.1　整体提升计算及支承系统设计

（1）被提升结构的验算分析

由于整体提升安装时，被提升结构的结构体系和所受荷载同结构设计时有较大的差别，为保证被提升结构在提升过程中的安全可靠，须进行施工阶段的结构验算和分析。

为了使被提升结构在被提升时的受力更加合理，减少加固和调整的范围，被提升结构在施工阶段的受力宜与最终使用状态接近，尽可能选择原有结构支承点的相应位置作为提升吊点。

被提升结构的验算分析应包括各提升点的不同步效应及支承系统分步卸载拆除阶段的效应。

提升吊点作为特别重要受力点和易发生应力集中部位，需要验算这类节点的强度及变形。

被提升结构的提升状态和最终设计状态的体系往往是不同的，不同的连接节点的不同连接顺序对最终结构可能产生较大影响，同时对支承结构可能也会产生较大影响，因此结构体系转换应进行结构分析，选择合适的转换顺序，并编制专项方案。

在提升高重心结构时，需要计算被提升结构的重心位置，验算高重心结构在整体提升过程中的抗倾覆性。

被提升结构提升点的确定、结构调整和支承连接构造，原则上需要由原结构设计单位确认。

（2）提升支承系统的验算与设计

整体提升时，宜利用原有结构的竖向支承系统作为提升支承系统或作为提升支承系统的一部分。利用原有结构的竖向支承系统作为提升支承系统时，其所受荷载及边界约束条件同结构使用状态有较大的差别。如：使用状态时结构柱一般排架柱或框架柱，但结构整体提升时，柱子常为悬臂状态。为保证支承系统在提升过程中的安全可靠，进行施工阶段的结构验算和分析时结构的边界条件必须正确设定。

利用原有结构作为提升支承系统进行重型建筑结构整体提升时，应由原结构设计单位确认。

4.4.2　计算机控制液压提升系统的设计

计算机控制液压提升系统的设计应符合下列规定：

（1）整体提升宜采用计算机控制液压提升系统（简称液压提升系统）。液压提升系统宜通过柔性钢绞线承重，由提升油缸、泵站、传感检测及计算机控制系统组成。

（2）提升油缸宜用穿芯式油缸，内置一束钢绞线承载，由上锚具油缸、下锚具油缸和主油缸三部分组成。锚具夹片规格应与钢绞线的规格相对应。

（3）提升泵站宜用比例（变频）液压系统，通过比例（变频）控制实现多点同步控制。

（4）计算机控制系统宜用网络实现信号互联，根据被提升构件的控制要求选择传感器的种类和精度，宜配置长距离传感器和载荷传感器，实时测量各个提升点的位移和载荷信息，通过液压比例（变频）系统实现位置同步和载荷均衡控制。

钢绞线选择应符合下列规定：

（1）提升油缸中单根钢绞线的拉力设计值不得超过其破断拉力的50%；

（2）通过检验合格的起重用钢绞线可以重复使用。

液压提升系统的提升内力设计应符合下列规定：

（1）应根据被提升结构及附属设施的重量、提升吊点布置的数量和方位以及结构分析计算的结果，确定各吊点载荷；

（2）应根据各吊点的载荷确定液压提升系统的总提升能力和各吊点提升能力；

（3）各吊点提升能力（指定吊点液压提升油缸额定载荷）应不小于对应吊点载荷标准值的1.25倍；

（4）总提升能力（所有液压提升油缸总额定载荷）应不小于总提升载荷标准值的1.25倍，且不大于2倍。

4.4.3　整体提升实施

（1）提升准备

整体提升实施前应针对提升作业编制专项施工方案及相关应急预案。提升作业之前应对被提升结构、提升支承结构及其加固结构进行验收。在现场10m高处应设置测风仪器，并根据气象预报，选择在温度、风力等各项气象指标适宜的时段进行提升。

（2）提升施工

整体提升作业应在提升结构与胎架之间的连接解除之后进行。提升加载应采用分级加载，一般按照20%、40%、60%、70%、80%、90%、95%、100%的荷载比例分级加载。在加载过程中对结构进行观测，无异常情况则可继续加载。

被提升结构脱离胎架后应作空中悬停，悬停时间一般为2～24小时，悬停期间应对整体提升支承结构和基础继续检查和检测，符合设计和本规程要求后，方可继续提升。

提升过程中，应有防止被提升结构晃动的措施，可采取在被提升结构上装导向滑轮（图 4-19），使其顶紧于固定结构物上设置的滑道，也可采取沿一定高度侧向固定钢绞线的方法解决被提升结构的晃动问题。

提升过程中，应对提升通道进行继续观测。当提升通道出现障碍物时应停止提升，采取措施清除障碍物后方可继续提升。

提升过程中，应使用测量仪器对被提升结构进行高度和高差的实时监测。各提升点的载荷或高差出现异变或被提升结构的变形超出相应值时，应立即停止提升。被提升结构达到预定位置后，应按专项方案进行转换固定。

（3）提升监测

被提升结构在离地（脱离胎架时），宜

图 4-19　防晃导向滑轮

进行提升点位移、应力应变、结构变形、载荷、基础沉降、现场风速等项目的监测。提升过程中，应对提升载荷和提升点的位移进行全过程的实时监测，对支承结构的变形、基础沉降、现场风速进行定时监测。一旦发现存在监测项目超标趋势，立即停止提升，启动应急预案。

（4）提升支承结构的卸载和拆除

被提升结构提升到位，形成稳定结构并固定牢固后方可进行整体提升支承结构的拆除工作。六级以上（含六级）的大风和雨雪天不得进行整体提升支承结构的拆除工作。

4.5　工程案例

4.5.1　工程概况

上海虹桥国际机场东航基地（西区）配套之机库钢屋盖平面呈长方形，南北向长度为 148m，东西向宽度为 79m。钢屋盖采用三层斜放四角锥焊接空心球钢网架结构，网架网格尺寸为 6m×6m，网架总高度为 6m。机库大门处屋盖采用焊接 H 型钢及焊接箱形截面组成大跨度钢桁架，桁架自身高度为 14m。屋面网架最上层杆件中心线标高为 30.5m，支座球中心标高为 24.5m；大门处钢桁架最上层标高为 36.0m，两端支座处标高 22.0m（图 4-20～图 4-22）。整个钢屋盖结构重 1720t。

钢屋盖支撑于三边钢筋混凝土结构柱顶，西侧共有 14 个立柱（含转角处），柱截面尺寸为 1600mm×1600mm、1000mm×1600mm、1200mm×1600mm，间距 10m 和 12m；南侧及北侧各有 7 个立柱，柱截面尺寸基本为 1000mm×1600mm，间距 12m，其中钢桁架支撑下方立柱截面尺寸为 4000mm×2500mm。

4.5.2　施工工艺

钢屋盖采用整体提升技术安装，钢网架和大门处钢桁架分别在设计原位地面上立拼成

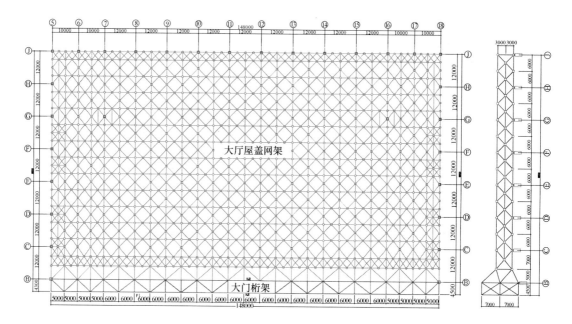

图 4-20   机库钢结构整体布置图

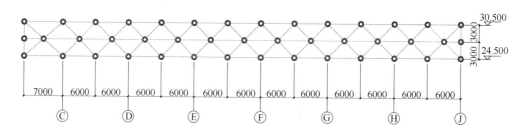

图 4-21   网架侧视图

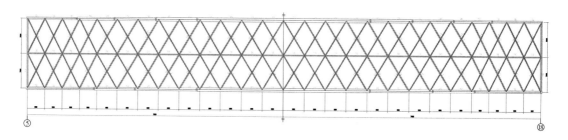

图 4-22   桁架立面图

整体，最后将网架和桁架部分通过圆钢管连接成整体屋盖结构。

考虑到整体提升时临近混凝土柱边的网架杆件与柱之间冲突，部分网架杆件待整体提升到位后再补缺安装。整体提升前需对提升点处网架结构进行临时加固，以弥补网架支承点处部分杆件后装导致的结构缺失。

（1）整体提升施工流程

在施工总体程序上，分为三大阶段，即：网架及桁架大拼、整体提升和杆件补缺。

第一阶段（网架及钢桁架地面拼装）

步骤一：根据屋盖钢结构最终安装位置，在相应地面上立拼装胎架。

步骤二：对运输至现场的钢构件单元进行验收、交接。

步骤三：整个屋盖钢结构在胎架上原位立拼成整体。

步骤四：网架与大门桁架连成整体。

第二阶段（整体提升）

步骤一：通过对原结构的受力分析合理选择整体提升吊点；根据吊点布置设置提升临时加固杆件，采用提升锚点提升；对结构提升过程进行工况模拟分析，得出提升点反力。

步骤二：利用提升反力验算原结构混凝土受力，设计提升塔架、提升平台。

步骤三：安装提升平台埋件，提升平台、锚点临时加固构件。

步骤四：柱顶制作安装及球节点安装完成。

步骤五：钢网架拼装、钢桁架拼装验收，地面涂装工作完成。超应力杆件加固验收完毕。

步骤六：安装液压提升设备。

步骤七：试提升（提升脱离胎架）。

步骤八：整体提升屋盖钢结构离地面 3m，安装大门挂架及墙架。

步骤九：整体提升钢屋盖至设计标高位置。

第三阶段（散件补缺）

步骤一：根据确定的散件补缺区块划分及顺序，高空进行钢桁架、网架散件补缺。

步骤二：全部补缺完毕，进行负载转移，并逐步解除提升设备。

步骤三：高空防腐涂装修补。

整体提升施工流程如图 4-23 所示。

（2）钢屋盖地面整体拼装

钢网架散件拼装单元为节点球和钢管件，构件单元最重为 1.3t；钢桁架出厂分段状态下单元最大重量约 10t。因此，考虑采用 4 台 50t 汽车起重机完成拼装过程的吊装工作。

根据钢屋盖结构形式、受力特点及现场拼装场地实际情况，同时考虑消除拼装时焊接引起的变形，采取先分区分块拼装，再连接成整体的方法。钢网架结构的拼装分为八个区块，桁架单独作为一个拼装区。网架区与桁架区之间的联系杆件最后补缺。图 4-24 为钢屋盖地面整体拼装分区示意图。

为防止网架拼装时发生整体位移及扭转现象，在网架拼装前于拼装胎架下部的混凝土地面上准确放线。图 4-25 为网架地面整体拼装胎架布置。

（3）钢屋盖整体提升安装

根据钢屋盖结构特点及现场实际情况，设置 16 个提升吊点进行钢屋盖的整体提升安装。网架南、西、北三面共设置 12 个提升吊点，大门处钢桁架在桁架两端各设置 2 个提升吊点；所有的提升支架均设置在对应的钢筋混凝土立柱柱顶。

根据各提升吊点提升重量，网架周边每个提升吊点处布置一台 200t 级液压提升器。大门桁架端部设置的提升吊点 1、2 和提升吊点 15、16 处各布置 1 台 350t 级液压提升器。整个钢屋盖整体提升共需 12 台 200t 级液压提升器和 4 台 350t 级液压提升器。提升吊点布置如图 4-26。

钢屋盖结构采用液压同步整体提升技术进行安装，具有如下的优点：

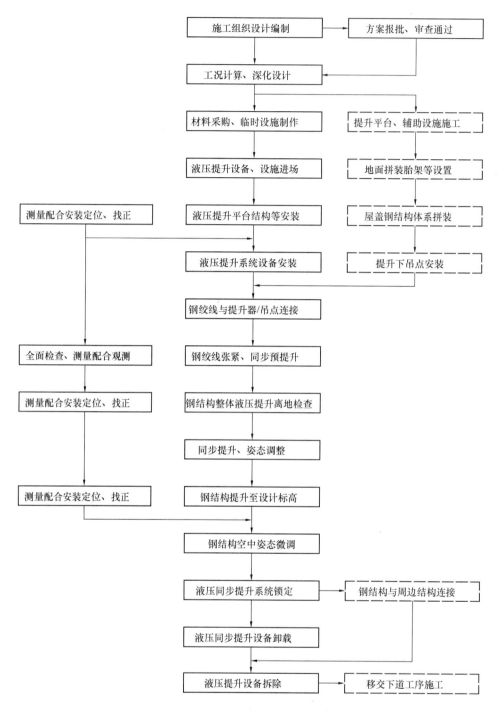

图 4-23　钢屋盖整体提升工艺流程图

1）钢屋盖结构在地面整体拼装；液压提升设施及设备安装待土建专业施工至柱顶后进行；钢屋盖结构一次提升到位后，土建专业可立即进行设备基础、地坪的施工，有利于专业交叉施工，对土建专业施工影响较小；

2）钢屋盖结构主要的拼装、焊接及油漆等工作在地面进行，施工效率高，施工质量

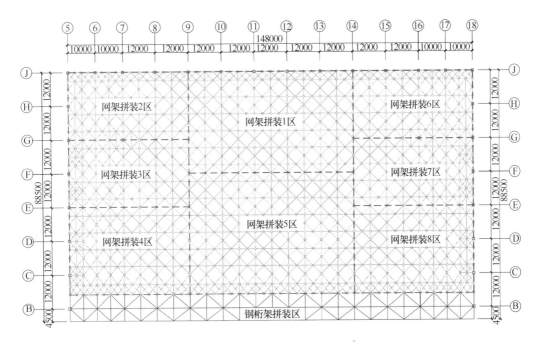

图 4-24 钢屋盖地面整体拼装分区示意图

图 4-25 网架地面拼装胎

易于保证；

3）钢屋盖结构上的附属构件及悬吊结构等可在地面安装或带上，可最大限度地减少高空吊装工作量，缩短安装施工周期；

4）钢屋盖通过液压整体提升安装，将高空作业量降至最少，加之液压整体提升作业绝对时间较短，能够有效保证钢结构的安装工期。

本工程提升吊点均设置在混凝土立柱柱顶，在柱顶设置预埋件，再在预埋件上焊接提升支架，用于支承提升用液压千斤顶。由于网架下弦支承于混凝土柱顶支座上，为降低提升支架高度，提升吊点设置在网架下弦，如图 4-27。

钢屋盖在具备整体液压提升条件之后，进行分级加载预提升。通过预提升过程中对钢屋盖结构、提升设施、提升设备系统的观察和监测，确认符合模拟工况计算和设计条件，保证提升过程的安全。待系统检测无误后开始正式提升作业。

钢屋盖开始同步提升时，液压提升器伸缸压力逐渐上调，依次为所需压力的 20%、

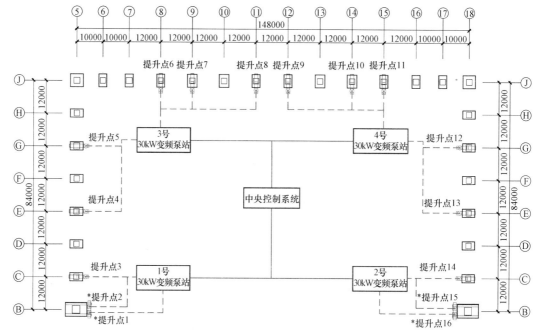

注：提升点1、2、15、16处配置350t提升器；其余提升点均配置200t提升器。

图 4-26　液压系统布置示意图

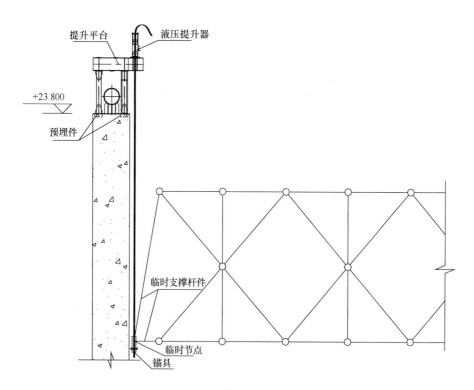

图 4-27　提升点示意图

40%，在一切都正常的情况下，可继续加载到 60%、80%、90%、100%。钢屋盖整体结构即将离开时暂停提升，保持提升系统压力。对液压提升设备系统、结构系统进行全面检查，在确认整体结构的稳定性及安全性绝无问题的情况下，才能继续提升。钢屋盖整体提升步骤如图 4-28。

（4）钢屋盖杆件补缺

杆件补缺分两类：一类是与提升区域构件无关的构件补缺，另一类是与提升构件相连接的杆件补缺。第一类构件主要分布在网架柱顶部正上方，且为竖向构件，包括网

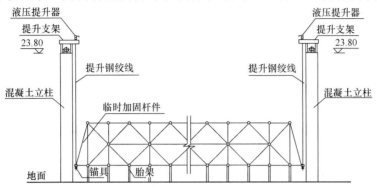

1.钢屋盖地面拼装完成后，在混凝土柱顶设置提升支架，安装液压提升系统。

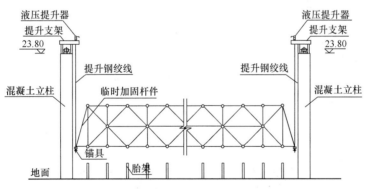

2.钢屋盖整体提升3米后，安装大门挂架及墙架

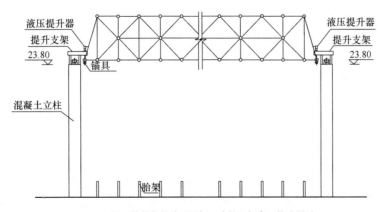

3.钢屋盖整体提升至网架下弦轴心标高，停止提升。

图 4-28　钢屋盖整体提升（一）

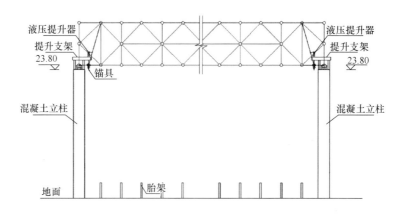

4.提升点处钢屋盖结构永久杆件补缺，并将钢屋盖结构与混凝土柱顶支座连接。

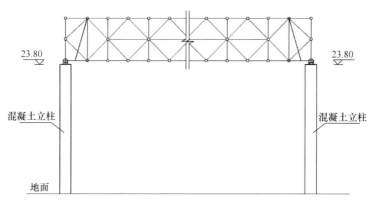

5.拆除提升设施以及临时加固等辅助设施，完成钢屋盖整体提升安装。

图 4-28   钢屋盖整体提升（二）

架支座、支座上方立杆以及其上相连的墙架、檩条等。为加快工程进度、减少提升过程中构件空中悬挂的时间，该部分构件在提升前提前安装到位，并临时固定。第二类构件待网架整体提升到位后再行安装，使结构形成可受力的整体体系。补缺构件采用汽车起重机吊装。

（5）提升设备卸载

卸载的过程就是结构安装已经完成，并由提升施工过程向最终设计状态转换的过程。卸载过程的关键是结构由提升点受力状态向结构自承重状态转换，进行卸载前，所有点的球支座已经安装完成，并固定牢固。

由于网架整体点均设置在距离结构支座非常近的点上，这些点位的最终设计挠度很小，提升卸载过程中，各提升吊点产生的下降位移量也极小，卸载以荷载控制为主，故采用以下控制措施：以卸载前的提升吊点载荷为基准值，所有吊点同时下降卸载相同的比例值。在此过程中可能会出现荷载转移现象，即卸载速度较快的点将载荷转移到卸载速度较慢的点上，以至个别点超载。计算机控制系统监控并阻止上述情况的发生，调整各吊点卸载速度，使快的减慢，慢的加快。若某些吊点载荷超过卸载前载荷的这个比例值，则立即停止其他点卸载，而单独卸载这些点。如此往复，直至钢绞线彻底放松，被提升物载荷完全转移到立柱支座结构上，液压提升卸载作业完毕。

4.5.3　系统设计

（1）承重系统配置

液压同步提升承重系统主要由液压泵站、液压提升器和专用钢绞线组成。

本工程配置 4 台 30kW 液压泵站来驱动共 16 台液压提升器。每台泵站均设置 2 台主泵。液压泵站和液压提升器对应关系如下：

1#液压泵站：主泵 1 驱动提升吊点 1 处 1 台 350 吨级提升器；主泵 2 驱动提升吊点 2、3 处 1 台 200 吨级和 1 台 350 吨级提升器。

2#液压泵站：主泵 1 驱动提升吊点 16 处 1 台 350 吨级提升器；主泵 2 驱动提升吊点 14、15 处 1 台 200 吨级和 1 台 350 吨级提升器。

3#液压泵站：主泵 1 驱动提升吊点 4、5 处共 2 台 200 吨级提升器；主泵 2 驱动提升吊点 6、7、8 处共 3 台 200 吨级提升器。

4#液压泵站：主泵 1 驱动提升吊点 12、13 处共 2 台 200 吨级提升器；主泵 2 驱动提升吊点 9、10、11 处共 3 台 200 吨级提升器。

每台液压泵站的两主泵可分别通过调节压力和流量来控制提升器的提升速度。

每台 350 吨级液压提升器配置 24 根 $\phi18$ 钢绞线，每台 200 吨级液压提升器配置 10 根 $\phi15.24$ 钢绞线。钢绞线作为柔性承重索具，采用高强度低松弛预应力钢绞线，抗拉强度为 1860Mp，$\phi18$ 钢绞线破断拉力为 36t，$\phi15.24$ 钢绞线破断拉力为 26.3t。本工程中，200 吨级提升器最大设计提升重量为 70t（已考虑荷载 1.1 不均匀系数和 1.1 动力系数，两者综合为 1.21），单根钢绞线拉力为 70/10＝7t，钢绞线安全系数为 26.3/7＝3.78；单台 200 吨级提升器设计提升重量为 279t，单根钢绞线拉力为 279/24＝11.6t，钢绞线安全系数为 36/11.6＝3.1，均满足相关规范要求。

本套整体提升系统的提升速度约为 6m/h。

（2）计算机整体提升同步控制设计

液压整体提升同步控制满足以下要求：尽量保证各台液压提升设备均匀受载；保证各个吊点在提升过程中保持一定的同步性（±10mm）。

根据以上要求，设计如下控制策略：

将南侧独立柱处的液压提升器并联，设定为主令点 A，北侧的提升吊点并联，设定为从令点 B，西侧提升吊点并联并设定为从令点 C。

将主令点 A 液压提升器的速度设定为标准值，作为同步控制策略中速度和位移的基准。在计算机的控制下从令点 B、C 以位移量来动态跟踪比对主令点 A，保证各提升吊点在钢网架结构整体液压提升过程中始终保持同步。通过三点确定一个平面的几何原理，保证整体结构在整个提升过程中的平稳。

计算机同步控制原理图见图 4-29。

为确保钢屋盖结构及钢筋混凝土立柱在提升过程的安全，根据钢屋盖结构的特性，采用"吊点油压均衡，结构姿态调整，位移同步控制，分级卸载就位"的同步提升和卸载落位控制策略，具体步骤如下：

选择 3 个提升吊点，每个吊点处各设置一套位移同步传感器。计算机控制系统根据这 3 套传感器的位移检测信号及其差值，构成"传感器—计算机—泵源比例阀—液压提升器—钢

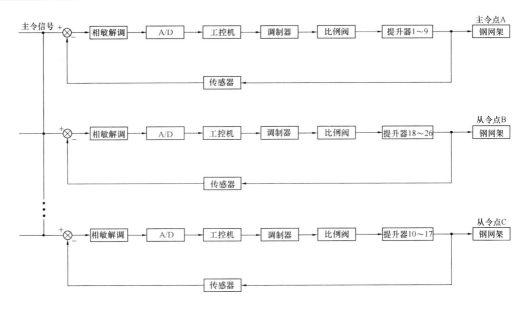

图 4-29　计算机同步控制原理图

网架结构"闭环系统，控制整个提升过程的同步性。每一吊点处的液压提升器并联，对每个提升吊点的各液压提升器施以均衡的油压，这些吊点以恒定的载荷力向上提升。

4.5.4　关键技术

（1）提升支架及平台设计

根据提升点位置不同，提升支架及平台设计分为两种主要情况：网架提升点处提升支架及平台设计、桁架提升点处提升支架及平台设计。

网架提升点处提升支架及平台采用 H 型钢制作，提升支架与事先设置在混凝土柱顶的预埋件焊接固定，图 4-30 为提升支架示意图。

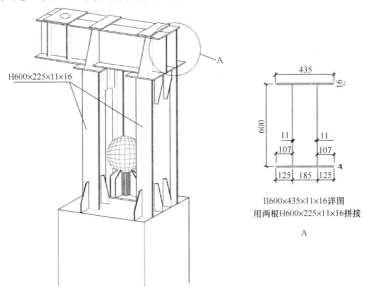

图 4-30　网架提升点处提升支架示意图

桁架两端的提升点荷载较大，故在桁架两端共布置了 4 个吊点，共使用 4 台 350t 提升器，提升支架采用格构式结构，构件采用箱形截面，图 4-31 为桁架提升点处提升支架做法。

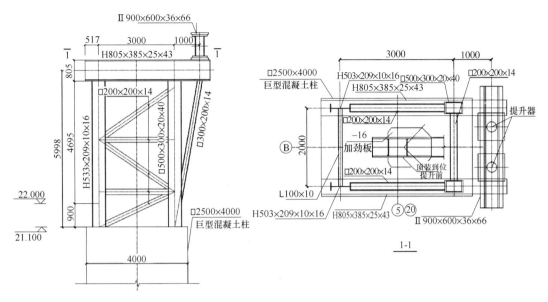

图 4-31　钢桁架提升支架做法

（2）提升锚点设计

本工程中，钢屋盖下弦支承于钢筋混凝土柱顶。因此，为降低提升支架高度，提高提升支架的稳定性，被提升的网架上的钢绞线锚点设置在网架下弦位置。为避免混凝土柱、提升钢绞线与网架杆件相碰，提升点周边的网架杆件在提升结束后再安装。提升过程中增设临时下部提升反梁，提升临时加固杆件，将提升点的提升力分散到对网架球节点上。由于本工程钢结构为斜放四角锥，网架上、下弦设置两根斜向临时加固提升杆件有利于将提升力分散到更多的球上，斜向受力符合原结构设计受力特点。

网架提升锚点均采用临时增加杆件设置，每个锚点增设 2 根水平杆 b1、2 根斜撑 b2 和一根提升反梁，网架提升临时加固杆件设置如图 4-32 所示。

钢桁架的提升锚点直接设置在桁架下弦杆上，通过焊制提升牛腿锚固钢绞线，如图 4-33 所示。

（3）提升过程监测

整体提升过程的监测是提升安全的保障措施，在提升过程中非常重要。监测的主要目的有两点：1. 监测提升过程中屋盖结构的变形是否在设计的允许挠度范围内；2. 监测提升过程中作为提升支撑构件的水平、竖向位移是否在施工方案控制范围内。

整个提升过程中的监测分两个阶段进行。分别为：试提升过程的离地监测，提升上升过程的监测。监测的部位分三部分：被提升结构跨中监测，提升点的行程监测和混凝土柱顶部水平位移监测。

试提升时，三边所有提升点先离地时，最后离地的是跨中挠度最大的点，出现在 B-C 轴线间的跨中位置。待所有结构构件完全离地后，继续往上提升 5mm，静止观测 4 小时

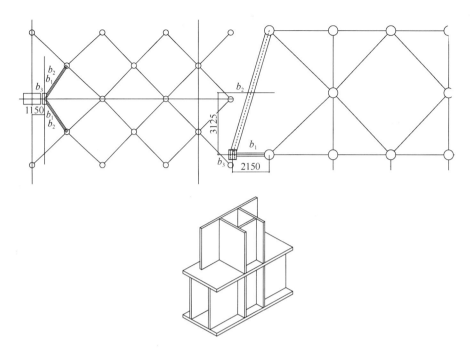

图 4-32　网架提升反梁三维示意图

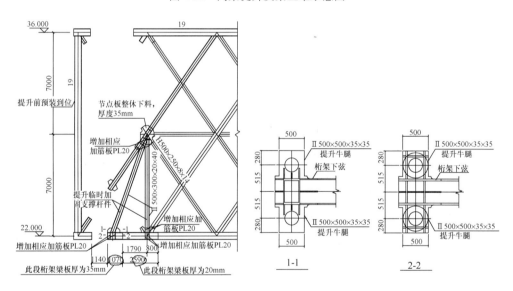

图 4-33　桁架提升临时加固杆件及提升牛腿示意图

后,方可继续提升。悬停期间主要观测混凝土柱的水平、竖向位置,提升支架的水平、竖向位移以及基础沉降观测。

提升结构在离地(脱离胎架)时,应对提升点的位移、应力应变、结构变形、各提升点提升荷载、基础沉降、现场风速等进行监测。

提升过程中,应使用测量仪器对被提升结构进行高度和高差的监测,并实时调整,以保证各提升点的同步性满足要求。各提升点的提升荷载或高差出现异变或被提升结构的变形超出相应值时,应立即停止提升。还应在提升过程中对提升通道进行连续观测,当提升通道出现障碍物时应停止提升,采取措施清除障碍物后方可继续提升。

4.5.5　实施效果

通过前期完备的技术准备,现场科学合理的施工组织,上海虹桥国际机场东航基地(西区)配套之机库大型钢屋盖成功完成了整体提升安装。与其他安装方法相比,采用整体提升安装施工成本较低,工期得以提前,在施工安全上也更有保障。

思　考　题

1. 简述液压提升器工作原理?
2. 整体提升安装技术的施工设备主要有哪些?
3. 整体提升安装过程中需要重点监测哪些事项?
4. 结合上海虹桥国际机场东航基地配套之机库工程案例,简述类似钢屋盖结构整体提升安装的几个主要步骤。

第5章 旋转平移安装技术

5.1 概述

在大型钢结构施工中，受制于施工空间和起重设备的限制时，可以采用结构整体平移安装施工技术解决问题。通常，结构整体平移一般都是作直线运动，主要适用于呈方形平面布置的空间结构。随着大型空间结构建筑的发展，圆形或类圆形平面状结构日益增多。当圆形或类圆形平面状结构在施工中因受施工空间和起重设备的限制，无法采用常规吊装工艺，工程技术人员在借鉴直线平移技术的基础上，结合圆形或类圆形结构的特点，开发了结构整体作曲线或拟合曲线平移的旋转平移安装技术。

旋转顶推安装技术已经在多个圆形建筑钢屋盖安装中得到成功应用。2004年完成的郑州国际会展中心会议中心伞形钢屋盖采用了"空间多轨道旋转滑移"的施工工艺进行安装（图5-1），该钢屋盖采用大跨度空间折板网壳结构，最大半径95m，由中央桅杆、内环桁架系统、12榀主桁架和12榀次桁架间构成的屋面网壳系统以及由12组树形支撑柱和24榀外环桁架构成的外环支撑系统组成，总用钢量约5000t。钢屋盖安装时，以中央桅杆为圆心，设置三条同心圆弧形轨道（两条地面轨道和一条45m高空轨道），利用等角速度，将屋盖单元累积旋转滑移安装到位。旋转滑移同步控制运用电气自动化技术，由电脑控制，总滑移量达3500t，最大滑移单元为1250t，最大旋转角度240°，最长滑移距离360m。

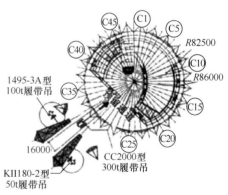

图5-1 郑州国际会展中心会议中心钢屋盖空间多轨道旋转滑移安装

2005年建成的上海旗忠森林网球中心开启式钢屋盖采用了独创的旋转顶推滑移技术安装（图5-2）。

内蒙古鄂尔多斯机场新建航站楼直径108m的大型钢结构穹顶也采用了旋转滑移安装技术，该穹顶主要由中心球壳、内环桁架、24榀径向主桁架、主桁架之间的单层网壳、

图 5-2　上海旗忠森林网球中心开启式钢屋盖旋转顶推滑移安装

外环桁架以及外围 Y 形钢支撑柱等组成。钢屋盖安装时，设置了内、中、外三条环形滑移轨道，内环轨道布置在内环桁架下方，中环轨道沿半径 24.479m 布置，外环轨道布置在穹顶外围柱上。在外环和中环轨道上布置顶推动力装置，内环轨道上安装轮子作为从动轨道。内环桁架及中心球壳单元散装安装；径向主桁架分两段在地面拼装，吊装到滑移拼装平台上组装完成主桁架，主桁架间单层网壳等结构采用高空散装；待一个滑移单元组装完毕后，在计算机控制液压同步顶推设备的推动下，屋盖单元按逆时针方向进行旋转滑移，累计滑移 10 次，直至全部安装到位（图 5-3）。

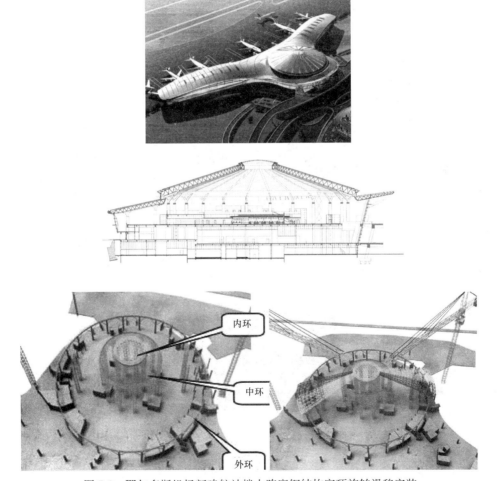

图 5-3　鄂尔多斯机场新建航站楼大跨度钢结构穹顶旋转滑移安装

广州花都亚运新体育馆比赛馆直径 116m 圆形穹顶钢结构采用了双向对称旋转累积滑移施工方法。钢屋盖由直径约 7.5m 的中心压力环、24 榀径向桁架、5 榀环向桁架、1 榀钢环梁及桁架间支撑等构件组成。钢屋盖安装时设置了两条滑移轨道，内滑道设置在环桁架 1 （R＝18m）下方，由于下部无结构供滑道支承，搭设了格构式支承架；外滑道设置在环桁架 5 （R＝48.6m）下方，以环桁架 5 下的混凝土柱为支撑架，架设 H 型钢贯通，并在其上铺设滑移轨道。钢屋盖结构一分为二，搭建高空拼装平台，采用 280t 履带吊和 50t 履带吊进行滑移单元的高空拼装，拼装完后同时向两侧对称旋转滑移安装（图 5-4）。

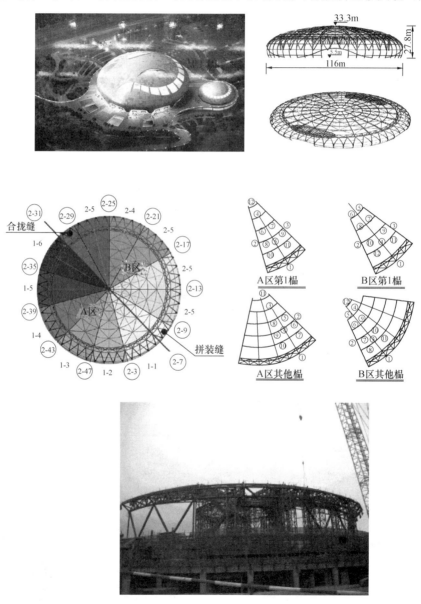

图 5-4　广州花都亚运新体育馆比赛馆钢屋盖双向旋转累积滑移安装

深圳 2011 年世界大学生运动会主体育馆大跨度单层折面空间网格钢屋盖同样采用了累积旋转滑移安装技术。该钢屋盖安装时，四周的钢筋混凝土地下室均已完工，钢结构吊装用的重型设备不可开行于其上，常规的高空散装或分段吊装工艺不适用，因此采用了"定点地面拼装，定点高空组装；空间多轨道同角速度旋转累积滑移；分级同步卸载"的施工工艺，即以屋盖圆心为转轴，设置 4 条同心不同径的环形轨道，多点顶推旋转平移。平移过程中通过变频液压爬行器提供动力，同角速度推进，将组装好的结构单元累积旋转到指定位置（图 5-5）。

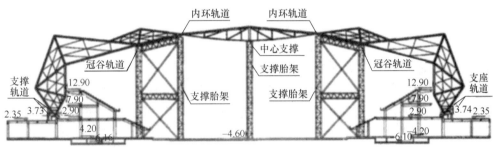

图 5-5　深圳大运会主体育馆钢屋盖累积旋转滑移安装

5.2　工艺原理及特点

5.2.1　工艺原理

　　旋转平移安装技术由结构单元地面定点拼装、结构单元在同一个吊装点起重吊装以及结构单元（或结构单元组）整体旋转平移就位等基本工序组成，通过这些工序的多次重复，可最终完成圆形或类圆形平面状结构的就位安装。旋转平移安装的基本工艺原理可比作餐桌转盘旁边定点上菜，上一道菜，转一下转盘，再上下一道菜，直至完成菜品布置，只是该技术中的"转盘"是虚拟的，"转盘"的承载、旋转和菜品布置等功能由滑道系统和液压千斤顶顶推系统等来承担。该安装技术适用于结构平面呈圆形或类圆形，施工场地局促，限制起重机械布置作业的施工工程。

　　旋转平移安装技术采用的顶推千斤顶工作原理同直线顶推平移，顶推千斤顶依托夹紧装置夹紧轨道作为反力支撑点，利用顶推千斤顶液压缸的伸、缩缸来推进构件水平滑移，如图 5-6。与直线顶推平移不同之处在于旋转平移的轨道为环形。

　　旋转平移安装按是否绕固定轴旋转可分为有固定圆心轴和无固定圆心轴两类。对于无

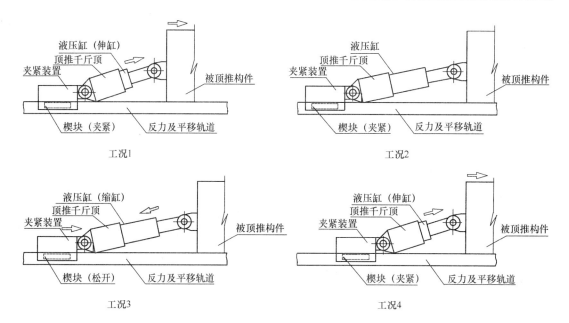

图 5-6 顶推平移原理

固定圆心轴时，一般是通过顶推系统油缸伸缩移位的往复动作使结构沿滑道作累积的曲线运动，旋转顶推的技术要求更高。

旋转平移安装按平移过程中的导向系统可分为有物理导向和无物理导向两类。对于无物理导向时，平移过程通过计算机控制各顶推油缸的行程差，控制结构平移的偏移导向，导向控制难度更高。

旋转平移安装技术的工艺流程见图 5-7。

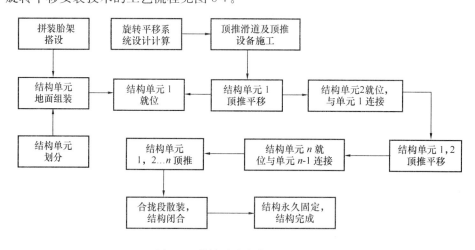

图 5-7 旋转平移安装工艺流程图

5.2.2 工艺特点

旋转平移安装技术同直线平移安装技术相比，最大的特点是平移作业沿曲线工作，被平移的物体作曲线平移运动。通过结构单元地面组装和吊装定点，免除了起重机械满场布置机位的需求，克服了工程施工空间和施工区域的局限难题，保证了其他施工的同步进行，可缩短施工总工期。

5.3　施工设备

旋转平移设备主要由滑道系统、导向系统和顶推平移系统等三大系统组成，主要完成结构单位的曲线平移就位。

5.3.1　滑道系统

滑道系统由滑道和滑移脚组成。滑道为结构旋转滑移的支承轨道。滑移脚起支承顶推单元的作用，滑移脚设置在被滑移结构单元的底部，设置数量及布置位置根据结构外形及支承反力确定。

5.3.2　导向系统

对于有物理导向的顶推滑移，导向是一个重要的系统。导向装置一般有两种做法：一是与滑道系统合并设计，即采用侧向有限位的滑道，比如采用槽型滑道，滑移脚在槽口内滑动时，滑道两侧的槽壁同时可作为滑移脚的侧向导向（图 5-8a）；二是单独设计导向装置，一般可采用导向轮等方法（图 5-8b）。

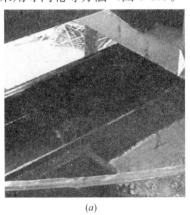

(a)　　　　　　　　　　　(b)

图 5-8　导向系统
(a) 槽型滑道侧向导向；(b) 导向轮

5.3.3　顶推平移系统

顶推平移系统由液压顶推系统、反力系统、控制系统组成。

（1）液压顶推系统

液压顶推系统由液压千斤顶（图 5-9）、液压泵站等组成。根据被顶推结构的形式和顶推力，选用相应数量对应型号的液压千斤顶，液压千斤顶沿环向布置，并按比例设置液压泵站。

（2）反力系统

反力架是安装液压千斤顶的重要受力机构，反力架按照自锁原理，将顶推反力传递到

图 5-9   液压顶推千斤顶

后座力支承轨道上。后座力支承轨道为圆形或类圆形平面结构的同心圆（或类圆），布置于两条滑道之间，轨道中心线与相邻两条滑道中心线平行且等垂直间距。后座力支承轨道通过埋件与混凝土平台固定，顶推反力通过轨道传递到支承结构上。

（3）控制系统

控制分为电气控制系统和计算机控制系统。

电气控制系统的主要功能是为整个同步顶推系统的设备供电；检测液压千斤顶油缸行程，将顶推点位移输入计算机；根据计算机指令驱动液压系统。电气系统由配电箱、位移传感器、控制柜、单点控制箱和泵站控制箱等组成。

计算机控制系统主要功能是控制液压千斤顶的同步顶推，并将各顶推点的位移控制在允许范围内。计算机控制系统由顺序控制系统、偏差控制系统和操作台监控子系统组成。图 5-10 为计算机控制系统示意图。

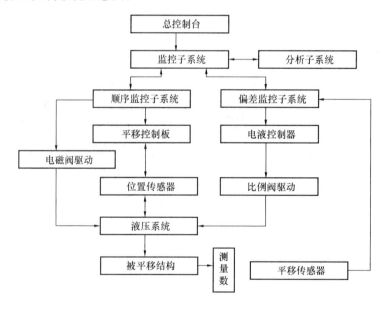

图 5-10   计算机控制系统示意图

5.4 关键技术

5.4.1 结构单元划分

结构单元分为吊装单元和旋转滑移单元。施工前，应根据结构形式和起重机能力，对结构作合理的单元划分。吊装单元划分应遵循以下原则：吊装单元划分应对称均匀，尽量避免构件偏心；划分点的选择应有利于吊装单元之间的相互连接；吊装单元分段重量应控制在就位起重机的起重性能范围内。

　　旋转滑移单元由多榀吊装单元组合而成，滑移单元划分应遵循以下原则：单元划分应对称均匀；应注意滑移单元的重心，避免在滑移时发生结构倾覆；滑移单元重量应满足滑移脚支承力及千斤顶群顶推力的要求。

5.4.2　旋转顶推平移

　　结构旋转顶推平移是通过顶推系统的各个液压油缸的伸缩移位的往复运动累积来实施的。顶推过程各个顶推千斤顶保持同步协调至关重要。同步顶推旋转滑移控制以计算机控制为主，辅以人工观察。计算机控制是结构在平移时，通过位移传感器将结构牵引点移动的距离信息反馈给计算机，计算机根据得到的位移信息和预设的位移误差允许值调整千斤顶的顶推速度，使结构各顶推点位移误差始终控制在允许范围内。结构在移位过程中的辅助人工观察是先在导轨上刻上距离标志，在每个顶推点派专人负责观察，并将观察到的顶推点在移位过程中的位置随时向控制中心汇报。

5.4.3　合拢段设置

　　由于结构体量大，施工时间长，温差对结构变形的影响较大。如果按照常规的施工方法，则滑移分段在最后一段和最先安装的一段势必出现错口或尺寸偏差现象，无法合拢，所以必须在结构最后滑移段和最先滑移段之间设置合拢段，合拢段根据现场实际数据偏差散装完成。同时为避免温度应力对结构的不利影响，合拢口处的杆件点焊固定并预留一定的收缩余量，待温度达到一定时，再将合拢口焊接好。

5.5　工程案例

5.5.1　工程概况

　　上海旗忠森林网球中心主赛场（图 5-11）造型别致，结构新颖，是一座屋盖结构可开启的体育场馆。主赛场钢屋盖由八个绕各自固定轴旋转的叶瓣状结构单元（简称"叶瓣"）组成，似传统光学照相机的叶片式光圈，在计算机的控制下协调运作，实现开启和闭合（图 5-12）。

　　整个开启式钢屋盖结构由钢环梁和"叶瓣"等组成，支承在圆形预应力混凝土看台结构顶部，结构总高度 41m。钢环梁（图5-13）为倒梯形截面的环状空间管桁架结构，外径为 144m，内径为 96m，环梁桁架顶面宽 24m，底面宽 3m，高 7m，钢环梁总重 1780t。

　　"叶瓣"是由纵横交叉的管桁架构成的

图 5-11　上海旗忠森林网球中心主赛场

图 5-12   钢屋盖闭合和开启示意图

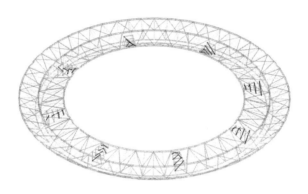

图 5-13   钢环梁三维示意图

大跨度异形空间结构（图 5-14），单个"叶瓣"长 70.2m，宽 45.7m，高 7m，单个"叶瓣"重 164t，其投影面积与四个篮球场相当。

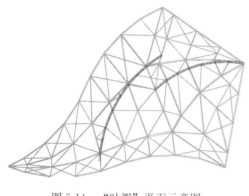

图 5-14   "叶瓣"平面示意图

每个"叶瓣"各有一个固定转轴，并以此为旋转中心布置三根不同半径的弧形轨道，通过台车支承于钢环梁上。八个"叶瓣"分别配置各自独立的机械驱动装置，通过计算机的精确控制，使八套驱动装置同步运作，实现屋盖的开启和闭合。

本工程钢屋盖采用旋转开启和闭合的方式，这在同类建筑结构中是绝无仅有的。受现场施工场地限制及结构形式的启发，工程技术人员开发了旋转顶推安装技术，成功完成了这一新型钢屋盖的安装。

5.5.2   施工工艺

根据对本工程钢屋盖的结构特点、施工环境及安装要求等认识和分析，结合以往大型工程中所积累的施工经验、自有的技术装备和技术专长，制定了钢屋盖环梁、"叶瓣"结构定点就位、累积旋转安装的总体技术路线。

（1）施工部署

根据现场施工条件，主赛场馆周边北面和东面均被已建或在建的建（构）筑物所占据，钢屋盖安装时，只能利用场馆西南侧场地。根据钢结构现场拼装及吊装要求，在西南角布置钢环梁拼装区域；在西侧布置"叶瓣"拼装和调试区域。对于"叶瓣"的拼装，考虑到施工进度需要，布置了 3 个"叶瓣"拼装胎架、1 个"叶瓣"整体调试胎架以及 2 个"叶瓣"成品堆放场地。为方便吊运拼装完成的"叶瓣"，在"叶瓣"拼装场地布置了 1 台门式起重机。在主赛场西侧布置 1 台 300t 和 1 台 600t 履带起重机，作为构件定点就位的起重设备（图 5-15～图 5-17）。

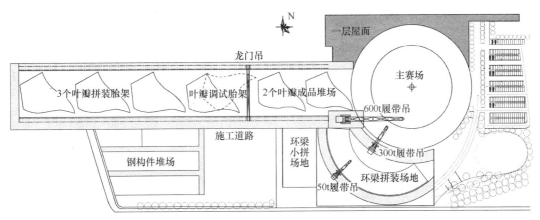

图 5-15　施工平面布置图

图 5-16　钢环梁地面拼装图

图 5-17　门式起重机整体拼装"叶瓣"

（2）钢环梁安装工艺

环梁共分成三十二段，在地面拼装。采用一台 300t 履带起重机逐段安装（图 5-18），每安装八段（1/4 圆弧、重 445t）后，位于高空的钢环梁整体旋转滑移 90°，吊机再在同一区域安装下一批分段环梁。最后 1/4 钢环梁由吊机直接吊装到位。环梁设合龙口，采用杆件散装合龙（图 5-19）。

（3）弧形轨道梁和驱动装置安装工艺

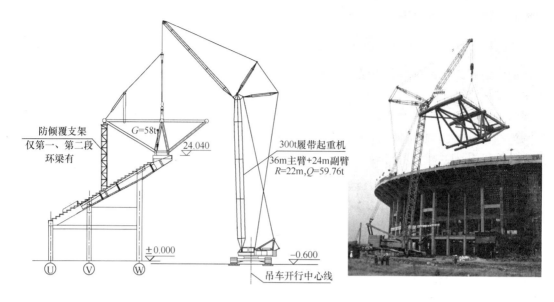

图 5-18 环梁吊装

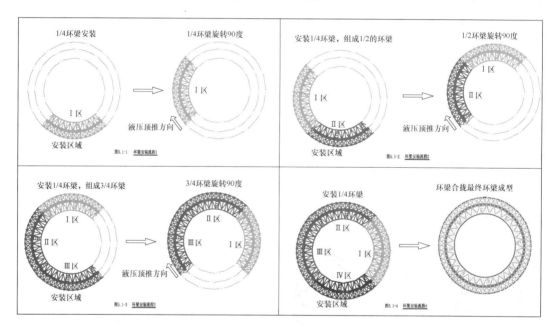

图 5-19 钢环梁旋转顶推施工顺序

定位和机械传动装置包括弧形轨道梁 "A"、"B"、"C"、转轴、台车以及机械动力部件，共八组（图5-20）。钢环梁合龙并完成焊接连接后，进行转轴、弧形轨道梁的精确定位测量，以消除钢环梁的安装误差。测量时要考虑环境温度对测量精度的影响。测量成果被确认后，再进行转轴、部分轨道梁和台车等的高空就位。安装就位采用600t履带起重机（图5-21）。由于起重作业半径的限制，安装就位过程中，钢环梁需配合做多次整体旋转。

（4）"叶瓣"安装工艺

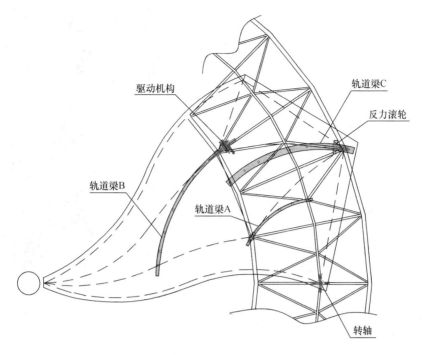

图 5-20　定位和机械传动装置

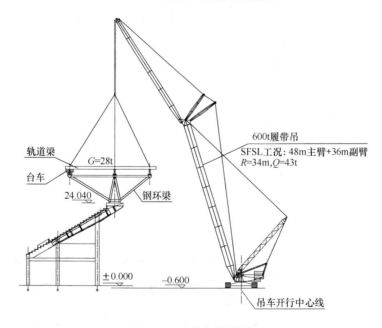

图 5-21　弧形轨道梁吊装

"叶瓣"采用地面整榀拼装，胎架上完成拼装的"叶瓣"用行走式龙门起重机平移至旋转调试胎架。在"叶瓣"结构和弧形轨道梁完成预组装，并旋转调试合格后，再用一台600t 履带起重机（超起）单机吊装就位（图 5-22）。为了减小旋转滑移时偏载影响，"叶瓣"按规定的顺序逐一就位，每个"叶瓣"安装完毕后，环梁驮着已就位的"叶瓣"旋转滑移至预设位置，再吊装下一个"叶瓣"，直至八片叶瓣全部安装完毕。

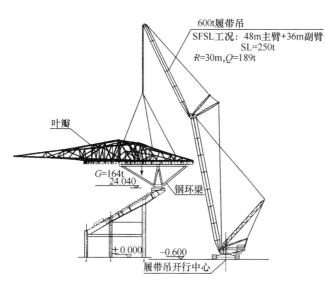

图 5-22 "叶瓣"吊装

"叶瓣"依托已安装合拢的钢环梁，进行旋转顶推安装（图 5-23）。

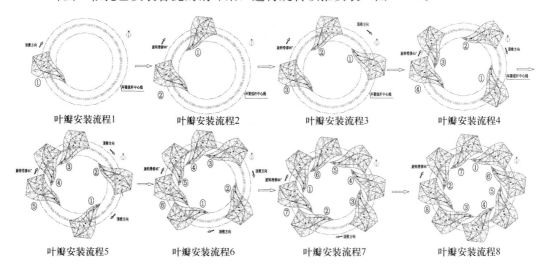

图 5-23 "叶瓣"旋转顶推施工顺序

整个结构安装过程中累积滑移的旋转角度和次数见表 5-1。

累积滑移的旋转角度和次数 表 5-1

次数	安装阶段	滑移角度	滑移行程
1	钢环梁安装阶段	90°	96m
2		90°	96m
3		90°	96m
4	机械传动设备安装阶段	90°	96m
5		90°	96m
6		90°	96m

续表

次数	安装阶段	滑移角度	滑移行程
7		90°	96m
8		90°	96m
9		45°	48m
10	叶瓣安装阶段	45°	48m
11		45°	48m
12		90°	96m
13		90°	96m
14	最终精确定位	17°	19m
统计		1052°	1123m

当第八个"叶瓣"安装就位后，进行结构整体的精确定位，并按设计要求将混凝土结构连接支座连接固定；最后进行总体调试和检测。

5.5.3　系统设计

（1）滑道及导向系统

滑道设置在顶推结构下部的混凝土环梁结构上，环向设置两条滑道，由细石混凝土找平层、不锈钢板和高分子减摩板组成平板式滑道，以降低摩擦阻力。滑移脚采用钢管，焊接在被顶推滑移的结构顶部（图5-24）。

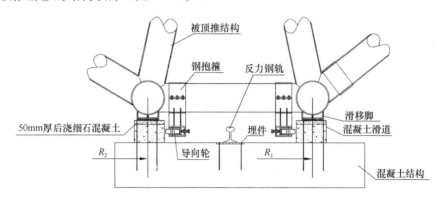

图 5-24　滑道系统

（2）旋转顶推平移系统

沿环向布置12套液压千斤顶，每套额定顶推力120t，设置6台液压泵站（图5-25、图5-26）。

反力钢轨焊接固定于混凝土环梁的预埋件上，以提供顶推后座力。液压千斤顶通过夹轨器固定于反力钢轨上。

电气系统的主要功能是为整个同步顶推系统的设备供电；检测液压千斤顶油缸行程，将顶推点位移输入计算机；根据计算机

图 5-25　顶推千斤顶

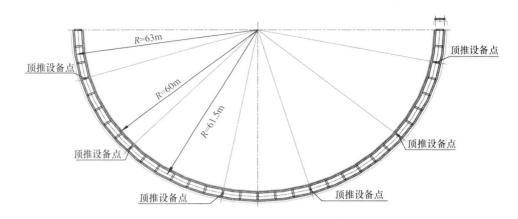

图 5-26　液压顶推设备布置示意图（半环）

指令驱动液压系统。

　　旋转顶推系统通过计算机控制系统进行程序和结构姿态的实时控制。计算机控制系统主要功能是控制液压千斤顶的同步顶推，并将各顶推点的位移控制在允许范围内。计算机控制系统由顺序控制系统、偏差控制系统和操作台监控子系统组成，其控制参数为：二点同步顶推距离 αD（α＝旋转弧度，D＝圆直径）；水平移位速度 5m/h；同步移位与顶推基准点水平移位误差≤10mm；水平移位加速度≤0.08m/s^2。

5.5.4　关键技术

　　"叶瓣"结构采用地面组拼，整体吊装，不仅便于控制拼装精度，检测结构变形，而且为钢结构与驱动装置的预拼装和"叶瓣"结构的地面调试创造条件。

　　"叶瓣"结构与驱动装置须在地面进行预拼装和模拟高空使用工况的旋转调试，以确保弧形轨道梁与主体结构的精确连接，实现高空的正常安装。通过地面模拟调试，检测各个"叶瓣"在不同旋转角度时的挠度和变形，验证设计计算值，保证相邻"叶瓣"变形协调，实现结构合拢时的良好闭合。同时对驱动装置进行逐套考核，确保结构在高空调试时的百分之百的成功率（图 5-27）。

图 5-27　"叶瓣"地面组装调试实景

　　在现场施工平面布置上，因地制宜地进行施工总平面的设计和规划，充分利用周边场地条件，实现三分之一环梁（120°）的总拼，多个"叶瓣"的同步整体组装，确保实现业主要求的施工进度目标和质量要求。

5.5.5　实施效果

　　本工程钢屋盖结构安装采用了旋转顶推安装新工艺，现场累计顶推 14 次，结构旋转角度总计 1052°，顶推行程累计达 1123m，最大旋转顶推重量达 4000t（图 5-28）。同时，本工程旋转顶推过程中，无法设置固定的旋转中心轴，顶推过程中克服的摩擦阻力和阻力矩又在不断变化，工程技术人员开发了计算机专用控制程序，实现了施工过程中结构姿态的实时控制，最终的结构定位精度达到 5mm 以内，充分满足了结构安装的技术要求。

图 5-28　建成的网球中心

思　考　题

1. 简述旋转平移安装与直线平移安装技术的相同点和不同点之处。
2. 简述旋转平移安装与旋转吊装技术的主要区别。
3. 旋转平移安装设备主要由哪些系统组成？